微信价值
完全开发攻略

吴银平　编著

U0349953

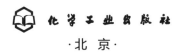

化学工业出版社

·北京·

本书是一把开启微信价值之门的钥匙，包含了从草根到名人，从创业到企业经营，从商家再到政府部门等如何有效开发微信价值的实用攻略，详细介绍了最新版微信功能使用方法、最新的成功案例、微信创业的最新观点以及名人、企业如何运用微信进行宣传营销等方方面面的内容。

微信让生活更精彩、让创业更容易、让营销更便捷、让名人更有影响力、让企业更有创新力。翻开本书，您将会进入一个全新的微信世界。

图书在版编目（CIP）数据

微信价值完全开发攻略 / 吴银平编著． -- 北京：化学工业出版社，2014.7

ISBN 978-7-122-20789-0

Ⅰ．①微… Ⅱ．①吴… Ⅲ．①移动电话机 - 基本知识 Ⅳ．① TN929.53

中国版本图书馆 CIP 数据核字（2014）第 108721 号

责任编辑：李军亮　耍利娜　　　　　　　　　　　装帧设计：尹琳琳
责任校对：边　涛

出版发行：化学工业出版社
　　　　　（北京市东城区青年湖南街 13 号　邮政编码 100011）
印　　装：化学工业出版社印刷厂
880mm×1230mm　1/32　印张 7　字数 175 千字
2014 年 9 月北京第 1 版第 1 次印刷

购书咨询：010-64518888（传真：010-64519686）
售后服务：010-64518899
网　　址：http://www.cip.com.cn
凡购买本书，如有缺损质量问题，本社销售中心负责调换。

定　　价：38.00 元
版权所有　违者必究

 前言
FOREWORD

　　微信，也叫 WeChat，是腾讯公司于 2011 年推出的一款手机即时通讯软件。微信支持跨通信运营商、跨操作系统平台，通过消耗少量的网络流量来发送免费的文字、语音、图片消息。有消息称，截至 2013 年 10 月底，微信的用户数已经突破了 6 亿。随着微信朋友圈和微信公众平台的上线，微信不是仅限于个人之间进行聊天的通讯工具，而是成为了一个社交信息平台，并且随着微信支付功能的上线，微信正在演变成为一个巨大的商业交易平台。

　　对于个人来说，微信首先是一个方便的聊天工具，和朋友、亲人、同事之间，用极少的流量（意味着极少的花费）享受快速、便利的信息往来。同时我们还可以利用微信的"摇一摇"、"查找附近的人"、"漂流瓶"等进行陌生人交友，丰富业余生活。微信 5.0 版推出了"游戏中心"、"表情商店"和"微信支付"功能，增强了可玩性和娱乐性。不仅如此，已经有许多人通过在微信上创业，成功销售商品并且获得了丰厚的回报。

流行大势中总是少不了明星的身影。杨幂的微信粉丝人数已经突破了 880 万，并通过微信公开了婚讯、晒出了婚戒，收到了粉丝们热情的祝福。总是喜欢尝试新鲜事物的陈坤首开了明星微信公众账号的付费会员制的先河，推出了别具一格的明星公众账号，为粉丝们提供了个性化的服务和独特的内容，同时也通过微信这个平台获得了相应的价值回报。现在，有越来越多的明星入驻微信，寻找开发微信价值的新思路，实现明星、粉丝、微信三家共赢，开启明星与粉丝"微"距离接触的时代。

越来越多的企业也正在快速入驻微信，占领先机。在使用微信这个工具之前，我们要先搞清楚自己适不适合微信营销。通过深入、透彻地了解目前微信平台上的各种机遇，选准切入的时机，以及掌握进入的方法。不仅是个人、明星、企业，甚至一些政务机构、部门也迅速入驻微信，打造了为人民服务的便民窗口。本书介绍了微信营销的整个流程，包括从瞄准目标用户开始，到如何设置头像、签名，以及如何运用微信公众平台的各项功能，一直到如何进行个性化服务、微信支付的前景和运用、如何与线下实体同步等。

因此，本书更好地帮助大家熟悉微信各种功能的使用方法，掌握微信营销的各种规则和技巧，进一步提升使用微信能够获得的价值。本书以图文并茂的形式，详细地介绍了个人、明星、企业和机构分别可以通过什么方法、何种方式在微信上进行自我展示、宣传、推广、销售等达到想要的目的。

编 者

目录
CONTENTS

第二部分　星光"微"闪耀：牛人"微"说显神通

第一章

生活新距离——指尖到屏幕之间

第一节　微信，是一种生活方式

再不上微信，你就老了。微信是什么，它是年轻、梦想和创造，让生活变得没有距离，购物、交友、娱乐等都成为了最"微"的事情。身边的朋友、亲人都已经爱上微信，我们一定要挤进队伍，让青春学会打盹，让生活也"微"起来。

2011年1月21日，一款能为智能手机提供即时通讯服务的免费应用程序诞生了，它是腾讯公司耗费数年时间，通过一个精英团队呕心沥血打造而成，它就是微信。微信是首创免费语音短信、视频、图片和文字的互动平台，它是跨操作系统、通信运营商的一个强大媒介。就是这么一款程序彻底地颠覆了年轻人的生活，两年后，每个人的智能机上面都会装上微信，然后每天都会打开它，看看朋友圈，捞捞漂流瓶，没事还会摇一摇。

手机聊天的方式有很多种，但是微信以更快捷更方便的优势脱颖而出，而且最关键的是它是免费的，这颠覆了手机通讯的传统。我们愿意去体验微信，因为它所传递的不仅仅是有效的沟通和轻松的娱乐，更多的是我们个人的生活价值。

打开微信，生活便热闹起来，看看朋友圈，好久不见的兄弟姐妹 在发自己烹饪的大餐照片，我们的胃便开始欢快地闹腾起来，心于是也暖了起来，因为熟悉的事物还在眼前；有时候还会闪出信息，那边的老姐发来语音，细心地问问今天有没有吃到大餐，我们的愁云也散了去，至少有这句亲人问候来放松心情；熟悉的人给我们发来几张美丽的风景图片，朋友们的特色回复，然后我们就会瞬间开心起来，微信让我们生活的距离变短了，最真切地感受到了距离之美。

微信，它的出现让我们在半熟社会里找到了可以快乐沟通的对象，给我们带来了不一样的沟通天地。它所有的功能都是我们生活中最需要的，诸如多人会话功能。

开启多人会话模式，轻轻按住说话，松开手后对方就能收到自己的声音。很多时候，我们是不太喜欢凑热闹的，但若是有一个热闹的氛围已经存在，或者我们很简单就能创造出一个热闹的气氛，那么我们便很容易就打开自己，多人会话就能帮助我们实现。自从有了微信以后，我们也许会常常发现，当初在一个班级里那些内向的同学也很大方地谈论事业、爱情和成长；一个办公室里的同事因为工作划分的关系而很少沟通的也因为它而彼此熟络起来。

　　以上就是发起多人会话的操作方式。多人会话俗称群聊，首先就是搜寻我们要群聊的朋友们，随便挑一个点出其窗口的小人标志，弹出一个新的窗口后，点"+"，页面上随后出现微信上的所有好友，将自己筛选好的群聊朋友一一选中，再点"确定"，之后的页面就是群聊页面，这时候我们就可以畅所欲言了。

　　微信另一个有趣的功能就是与身边的陌生人有效交流。微信是可以拓展沟通圈的，熟人社交固然能为我们带来快乐，但是陌生人之间的交流很可能为我们带来更多生活的色彩。我们的周围会有各色各样的陌生人，他们与我们也有很多的共同点，比如同一个写字楼里的上班族，同样爱健身的超级达人等，都有可能会给我们的生活带来很多沟通的乐趣，但是因为距离的关系让我们彼此连熟悉的机会都没有。如何让与我们擦肩而过的陌生人与我们之间搭建起沟通桥梁呢？微信 LBS 功能的出现，将一个个独立的个体连接在了一起，成为新兴社交的基石。

除了这些，微信上面还有随性交友这一功能，漂流瓶就是它的载体，它为我们带来更多惊喜体验。语音瓶功能更是结合了微信语音对讲功能与漂流瓶的创意，也给我们的生活带来了更多的乐趣。

另外，由于它出自腾讯，所以微信与 QQ 之间的关系也是很微妙的，这一层关系的软件嫁接也给我们带来了很多意想不到的体验。诸如当我们的 QQ 处于离线状态时，微信帮我们接收 QQ 消息、QQ 邮件，还可以回复文字和语音消息，让我们时刻保持和 QQ 好友联系。

腾讯公司副总裁张小龙形容微信时这样说：微信的本质是对象和信息。现在微信的一个重要角色是连接，连接对象与对象、对象与信息，连接一切人、物、钱与服务。

微信这个特殊的公众平台，在短短两年不到的时间里，已经达到了 5000 多万的公众号，每天保持 10000 个公众号的增长速度，每天有超过亿次的信息交互。这一数据代表什么，表明越来越多的人生活中有了"微信"的存在。发展到今天，微信的功能已经被彻底强化了。微信可以实现支付功能，我们只需绑定银行卡就可通过微信、公众号、APP 以及身边随处可见的二维码，简便快捷地完成付款。这就意味着我们可以用微信来实现一切易货方式，不用很长的时间，我们的生活就会与微信彻底"联姻"。微信的下一步走向已经确定：成为书籍、成为钱包、成为秘书。

或许到那一天，微信会成为一种更为崭新的生活方式。

 ## 第二节　和朋友分享你的"微"生活

微信在前期最能被人们所接受，是因为它的分享性，而且它优于微博的是，分享更简便、途径更简捷。另外，微信还有一个最大的优势，它姓马，马化腾的 QQ 之树开上微信之花，这芬芳必然飘至万里，其用户群绝对是以几何速度在增长。羊群心理是每个人都有的，当身边的人都开始玩微信了，而且它还是嫁接在 QQ 之上的，那么越来越多的人便选择微信。随后，微信上几乎每个人都开始分享自己，不论他在众人面前是腼腆的，还是活泼的，只要打开他的微信，似乎都能找到他自拍或者生活的印记。不可否认，微信已经让我们彻底地喜欢上了分享自己的生活。

也许，还有一些至今还未开通微信或者不经常上微信的人还有疑惑：为什么那么多人着魔，甚至还有很多人似乎改变了自己的个性，原来内向的他竟然也在微信上卖萌了？为什么连逛个街的时间都没有的大忙人居然也上传自己的用餐自拍照？

不久之前，我们还发觉周遭的人是不玩微信的，几乎每个人打开手机的时候，都会登一下自己的微博，刷一刷，看看自己关注的人的最近动向。很多人利用微博发发牢骚，或者是按照自己经营的特殊微博形象，如文青、幽默大师等，来继续装下去。但是，他们的粉丝并没有多少，因为没有人会在意，除非你是名人。

微信的诞生，彻底让这些人找到了分享的真正味道。相对于微博这个大圈子来说，微信是一个很小的圈子，但是微信圈几乎都是由朋友构成的关系网。我们与朋友身处异地，联系并不多，有了微信以后我们便有了互通的机会，而这样的一个圈子也可以让我们更畅快地分享自己，因为我们的分享会被他们关注、评论甚至是转发。诸如朋友做了三天的背包客，路经美丽的云南大理，我们便能从微信上看到最美丽的风景照和他的自拍，然后我们点了大大的一个赞，甚至还会评论"小子，下次记得叫我一起哈"；我们做了一顿丰盛的晚餐，朋友看到后，有的会打趣道"艾玛，这是人吃的吗"，有的就会夸张地说"这么丰盛啊，改天请我吃大餐吧"。这都是最为愉快的分享，因为我们的生活被关注和反馈，我们内心的某些需求很容易地就实现了。

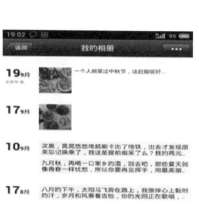

　　看到上面图片的信息，折射出来微信的一个大创造，那就是朋友圈。微信之所以能建立这么一个特殊的圈子，完全是依赖通讯录和 QQ。因为我们在筛选微信朋友的时候基本上就通过这两个平台，而这上面几乎都是我们熟悉的人。我们可以打开自己的微信，在查找一栏里寻找到我们要加的人，通常情况下，我们都会去找一下最近通讯录上新加的人，因为他已经成为了我们快要熟悉的人，我们愿意将自己的生活分享给他，然后也希望从这个刚熟悉的人身上了解到更多。

　　通常我们愿意去分享自己的生活，很大程度上是想让我们的新朋友了解自己，也很想了解到这位新朋友，从而找到彼此的共同点，便于更牢固地缔结友谊。有时候，偶然认识的一个人，交换了手机号码以后，便再也没有交流了。但通常交换联系方式的人都是因为他或多或少与我们的生活和工作有关系，若是彼此能够成为朋友，对于我们必然有一些益处。微信帮助我们彼此熟悉，关系便不再是一面之缘，很可能成为不错的朋友，久而久之，成为生活和工作上的伙伴。

　　微信发布 4.0 版以后，它的功能被开发和拓展，其中在手机相册添加图片被用户所喜爱，因为它有强大的滤镜效果，即使拍照的技术再烂，也可以通过各种滤镜将照片修改成专业的水平。

　　微信朋友圈是一个强大的功能，对于个人而言，我们可以利用朋友圈来舒缓压力，比如说给朋友分享下自己喜欢的音乐，朋友听完后给我们一个很好的赞；再比如说我们能与好久不见的朋友经常在朋友圈里互相打趣，将彼此的距离拉近。当然，微信的分享远不止于朋友圈这么简单，而朋友圈只是一个分享功能的代表。

当我们关注一个有特殊兴趣的微信公众平台时，也能从中获取到最为重要的信息。微信让我们在分享的同时也能得到最为贴心的反馈，而公众平台也为我们分享了我们所需要的兴趣信息。通常，关注微信平台的人是存在在一个圈子里的，而这个平台很容易为大家创造一个认识的机会，而这也会给生活创造出更多的可能性。

　　如图所示，关注了新徽商联盟的用户在得到公众平台分享的关于商业大讲堂的信息后，他们便有了新的探索。他们或许会参加这次

的活动，从而去丰富自己的知识，这是对自己生活兴趣的丰富，也是一种寓教于乐的方式，因为这样的学习伴随的是一种欢快，而非是强制的压力。

实际上，若是其中有用户在参加这次大讲堂的过程中，结识了一个或数个同行业同兴趣或者是关联行业同兴趣的朋友，这便是一次有效的商务联系。换一句话说，这是在经营自己生活兴趣方面又交了行业上的朋友，对自己的工作又是新的拓宽，无疑微信又给我们提供了一个有效的分享趣味。公共平台的分享，就是我们自己在与相关兴趣的朋友之间的分享，因为这一平台能够帮助我们搭建沟通的桥梁。

微信，带来的不仅是"微"生活，带给我们的更是无限分享的风景。

 ## 第三节　让你的关注丰富多彩

随着微信公众账号平台的开放，各种类型的公众账号数量飞速增长。我们获得资讯信息的途径更多了，可是多到了一定程度就是"泛滥"了。那么面对 200 多万个微信公众账号，到底应该关注谁？

微信公众账号分为"服务号"和"订阅号"两种。微信公众账号官网上的解释说，服务号是为企业或是组织提供更强大的业务服务与用户管理能力，帮助企业快速实现全新的公众号服务平台。对于关注者来说，就是能够为其提供业务服务的平台，比如广州交警、南方航空公司、招商银行信用卡中心等。

　　订阅号是为媒体和个人提供一种新的信息传播方式，构建更好的沟通与管理模式。对于关注者来说，就相当于向其发布资讯信息的账号。

从类型的定义上，可以看出这两种公众账号有着不同的作用。服务号可以为我们提供便利，订阅号可以给我们传递资讯。先说服务号，如果需要了解路况，可以关注"微信路况"或本地交警的公众账号，还能够查询理赔和违章等信息。而关注订阅号，则可以获得丰富多彩的资讯内容。订阅的方法也非常简单，轻触右上角的"+"，在下拉菜单中选择"添加朋友"，可以直接输入已知的微信号来查找，也可以输入中文账号名称来查找。

　　当然，在二维码已经较为普及的今天，扫描二维码是最简单的方式。一个二维码对应一个账号，不会不小心添加到名称相似的山寨账号。同样也是轻触右上角的"+"，选择下拉菜单中的"扫一扫"，然后对准二维码即可自动扫描，最后确认"关注"就完成了。

微信与微博的关注不同之处在于获得信息的量与质。微博不限制发布者发布信息的数量，微信公众平台限制服务号一个月内只能发送一条群发给关注者们的消息，订阅号每天只能发送一条群发消息。

　　而且当我们在微博上看到一条感兴趣的消息时，可以很方便地把鼠标移到原发布者的名字上，无需点击的动作就会出现"关注"的按钮。也就是说，在微博上关注一个账号，只需要点一次就完成了。而关注微信账号，就需要在手机里输入账号（微信号）或是扫描二维码，才能看到"关注"按钮，轻触"关注"才能完成整个关注过程。

　　不过，正是微信看似比微博稍显"麻烦"的这个关注动作，使得关注微信公众账号的关注者们，就要比关注微博账号的粉丝们来得更有诚意，或者说更"忠心"。同时正因如此，微信公众账号推送的内容在质量上就更加追求精致，可读性比较强。

目前微信公众账号的类别已经涵盖了资讯、阅读、生活、购物、职场、婚恋、教育等方面。关注自己感兴趣的订阅号之后，基本上每天都能收到账号推送过来的精选资讯。尽管在新闻的时效性方面不及微博，但是也正因不用抢时间，微信公众账号能够发布更为准确和深度分析的内容，并且在文章长度方面不像微博有 140 字的限制，可以发挥出微信的优势。

» 1. 面对众多同类资讯的公众账号，我们该如何选择呢?

第一，很多人关注微信账号是因为它的微博做得很不错。忠实的微博粉丝转化为其微信粉丝的概率还是比较高的。不过，正如前文所述，由于微博与微信在很多方面不能相提并论，因此虽然微博做得不错，但是并不能代表微信就一定很棒。若是善于深度分析的账号，在微信上会更如鱼得水。

所以，还是内容最重要。有些做得比较好的媒体，就很会利用微信平台的特点，在微博上抢时间发布，然后在当日傍晚或晚上通过微信公众账号平台推送热点汇总、梳理分析等内容。

第二，在选择公众账号时，既要丰富多彩，又要注意不能过度关注八卦消息。微信公众平台上有价值的内容不少，同时没营养的信息也很多。相同类别的账号，选择一至两个在用心做的账号关注就行了。否则关注多了，会被重复或低质量的消息占用掉我们宝贵的时间。

第三，对于服务号来说，可以关注一些与自己的生活相关，并且能够带来切实便利的账号。由于服务号一个月只能群发一条消息，不会造成骚扰，再加上做得好的服务号，使用十分方便，甚至可以省去装单独的客户端，多关注几个这样的精品账号来方便自己的生活还是很不错的。

》 2.订阅了这么多的微信公众账号之后,又该如何来有效地阅读呢?

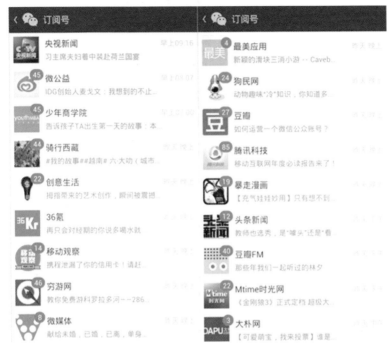

　　首先,对于绝大多数人来说,最看重的就是时间上的花费。订阅得太多,看不过来也是浪费流量,如果把过多的时间花在阅读微信上,也是一种时间浪费。因此,最好能够计划一下阅读微信公众账号的时间安排。比如每天 15 分钟,时间段可以定在傍晚;又或是30 分钟,上午和晚上各一次。因为订阅号一天只能群发一次图文消息,所以大多会在下午或傍晚编辑发送。

　　其次,想要有效地阅读微信公众账号的内容,还可以根据内容来计划安排。比如每天花 15 ~ 20 分钟来阅读资讯类订阅号中的好文章,做得好的账号的编辑都很用心,会精挑细选一些精品图文资讯推送给关注者。而那些介绍、推荐类的订阅号,没有很强的时效性,对工作和生活也不会产生即时的影响,则几天浏览一次也无妨。

最后，巧用"收藏"功能，实现微信公众账号内容的有效阅读。微信毕竟目前看来还是一个以即时通信功能为主的手机应用，因此我们可能会在一天内打开很多次，每次打开都有可能会被订阅号推送过来的信息吸引，进而就有可能影响我们的工作和生活。因此，当我们"不小心"被标题吸引，但是此刻又不方便仔细阅读的时候，可以充分地利用"收藏"的功能，把我们感兴趣的文章先收藏起来。等方便的时候再打开"我的收藏"进行阅读即可。

第四节　让微信成为你的个人名片

在 2012 年，我向朋友推荐使用微信时，说这个像对讲机一样很好玩，他们都不太感兴趣。然后我告诉他们，设想一下，当你在餐厅等男朋友，他回复的短信九成是"我已经出门在车上了，马上就到"，可其实他八成还没起床。这时候如果你用微信对讲机的功能，他在哪里一下就能听出个大概来。还比如你在开车，要发短信是不可能的，不过等红灯的 10 来秒钟发条语音消息就绰绰有余。结果没想到好几个人听了之后立刻就装上了。

在同学聚会时，随处可见到处交换名片或是留电话号码的场景。传统的"发名片"的场景或许已经没那么多见了，而互留电话的情节也正在逐渐淡出我们的视野。取而代之的是"加我微信吧"、"我们来加一下微信吧"。

面对面互相发送微信名片，或是添加账号是非常便利的。轻触右上角的"＋"，选择"添加朋友"，就会显示出好几种添加朋友的方式。其中的"雷达加朋友"使用起来最简单，只需要想要互相添加的人们一起打开"雷达加朋友"的功能，微信就会自动搜索并添加。

众所周知，同学聚会是个培养人脉资源的绝佳场所。不过，就算你因为有事没能出席，也不用着急。微信有"发送名片"的功能，你可以让参加的同学、好友把添加的人的微信名片发送给你。操作也十分简单，比如说你想把 X 的名片发送给 A，那么就先在通讯录里找到 X，然后轻触右上角的功能键（三个点），选择"发送该名片"，这时界面会自动列出你所有的联系人名单，在其中选择 A，最后轻触右上角的"确定"就完成了。

你有没有发现，十多年以来，我们的手机号码或许已经换过了好多次，但是 QQ 号码却极少更换。比起留手机号码，或许留 QQ 号码更不容易失去联系。而今天，微信也逐渐成为了这样的一种趋势。微信有了可以解绑 QQ 号码的功能，这就意味着微信号可以不用依托于 QQ 号码，而成为了一种独立的联系方式。

　　而且，相较于 QQ 的虚拟性，微信更加贴近现实生活中的通信和社交。因此，微信成为了我们的个人名片。而这张微信名片，上面有名称、头像，还显示地区和个性签名。这些信息都是你这个人的代表，也是向其他人展现"我是这样一个人"的窗口。

　　因此，如何编辑昵称、头像、地区以及个性签名这四个方面的信息，就有很多学问了。

进入微信后，轻触右上角的三个点，然后轻触自己的头像和昵称的部分，就进入了设置个人信息的页面。轻触"头像"就可以设置头像，轻触"昵称"就可以设置昵称，性别、地区和个性签名也是同理。

①昵称和头像。5.2 以前的版本，在通讯录里除了头像和昵称之外，还有个性签名栏的展示，在微信 5.2 版本的通讯录里没有了个性签名的展示，需要点开才能看到。所以，最重要的还是头像和昵称的编辑。

个人头像有多重要？不夸张地说，就像是你的穿衣品位一样那么重要。对于展现给别人的个人名片信息，头像甚至比昵称更重要。别看只是一张小小的图片，传递的信息量可不少，并且还能够影响别人对自己的好感度。

对于阅历丰富的人来说，只要看一个人的微信头像和昵称，就可以大致上了解这位头像主人的年龄、性别、受教育程度、职业，甚至还能够揣测个人的喜好。

②个性签名。工作型的人大多会在个性签名里写上工作内容，比如业务信息的推广内容等。由于个性签名需要点开个人资料才可能看到，并没有放在一眼就能看到的位置。因此可以推测，相较于以前，微信弱化了个性签名的作用。不过当成一个简单的自我介绍用还是很不错的。尤其是新添加朋友的时候，绝大多数的人都会查看一下新朋友的个人资料页面，这时候个性签名就会发挥大作用了。工作来往多的可以编辑工作信息，比如行业、职位等；生活型的人可以编辑自己的兴趣爱好，或是人生格言等，能够达到吸引志同道合的人的目的。

③地区信息。如果你想要展示自己较为详细的地区信息，可以精确到市。如果想保护自己的隐私，则可以随意设置。同时，也可以通过查看其他人的微信名片中展示的资料，来获取想要的信息。

除了通过告诉他人自己的微信号的方式来推销自己，让他人添加自己为好友的方式之外，还有一种更加简便的方法就是扫描"二维码名片"来添加。

在"个人信息"的页面，有一个"二维码名片"，轻触之后我们就能看到属于自己的二维码名片了。

扫一扫上面的二维码图案，加我微信

　　轻触右上角的三个点，可以把自己的二维码名片直接分享到 QQ 空间或微博，也可以直接把二维码的图片保存到手机里，随时使用。当然，印在名片或广告宣传单页上也是一种很便捷又不会对他人造成困扰的方法。

　　在电子产品日趋普及，人们的生活逐步接近无纸化的今天，编辑好自己的"微信名片"就像印刷个人名片一样，需要用心去设计。而且，"微信名片"还有一点好处就是可以随时编辑、修改、更新。

第二章

微信易生活——巴掌世界玩转生活

第一节 "摇一摇" 不仅是找人

相信绝大多数用微信的人都使用过"摇一摇"的功能。这个功能上线时，就是一个"摇"陌生人的程序。可以说，就是这个功能让早期的微信存活了下来。张小龙为这个"摇一摇"的声音效果、背景图片、手势都进行了精心的策划。通过摇动手机这个动作，触发程序，很快屏幕上就会显示出和你同时摇手机的人。接着可以互相打招呼，促成陌生人交友。

当然，初期还有"碰一碰互加好友"，两台手机打开"摇一摇"，然后互相碰一碰，就可以立刻把对方加为微信好友。还有十分方便的"聚会一起摇"，比如老同学在一起聚会或聚餐时，一帮朋友拿出手机打开微信"摇一摇"，就可以一次列出聚会上的所有朋友，快速添加好友。

微信进入 5.0 时代之后，"摇一摇"被放在了"发现"这个更加显眼的位置里，并且不仅可以"摇"人，还可以"摇"歌。或许很多人还不知道，其实"摇一摇"还可以传图、"摇"网页。

　　"摇一摇"找人还是最基本的功能，只要打开微信→发现→选择"摇一摇"，然后摇动手机就可以了。一般在最初几次摇出来的人都会是离自己比较近的，也在同时玩这个功能的人。多摇几次，还会摇到距离自己一千多公里的人。

　　如果摇到了比较感兴趣的人，那么就可以轻触昵称主动去打个招呼，认识一下。当然，对方如果对你感兴趣，也会收到对方的"hi"，轻触"回复"或"通过验证"就可以开始聊天了。

　　这种"这么巧，你也在摇"的奇妙感觉非常诱人，尤其是对于浪漫的人说，有种"缘分"的感觉。相信很多人在使用这个功能之前都很好奇。据说微信的"摇一摇"曾达到过一天上亿次，可见人们对它的喜爱。

随着时间的推移，刚开始那种新奇好玩的热情逐渐退去，现在已没有那么多人用"摇一摇"来交友了，顶多只是闲着没事的时候偶尔玩一下。不过，现在"摇一摇"也不仅仅限于交友的功能了，它还可以帮我们"搜歌"。

细心的人或许已经发现，微信 5.2 的"摇一摇"界面下方，有两个选项，一个是"人"，也就是刚才介绍的交友选项；而另一个选项是"歌曲"，这个功能是干什么用的呢？

比如说，我们经常会遇到这样的情况，在欣赏某部电影或电视剧时，发现正在播放的背景音乐很好听，但是不知道叫什么名字。想要问别人，但是又很不方便。要么就是旁边没有人，就算有人也不一定知道这是什么歌，要么过一会儿想去问别人，但是自己又哼不出来等。又或是在商场里，听到一首歌，想知道歌名，却无处可问。

这时，我们只需要打开微信，进入"摇一摇"，轻触"歌曲"，被选中之后"音符"的图案就会变成绿色。然后摇一摇，微信就会开

始通过手机的话筒来听取正在播放的歌曲。很快，它就听出了这首歌，并且整合了QQ音乐强大的资源库，不仅帮我们找到了这首歌的歌名，而且直接显示出正在播放的歌曲唱到了那一句的滚动歌词。

轻触右下角的播放按钮，还可以直接在微信里播放。是不是很有趣呢？

"摇一摇"的扩展功能并没有到此为止。一边用电脑上网一边和朋友微信聊天的时候，在电脑的浏览器上看到一张图片想和微信上的朋友分享，怎么办？

传统的方式是：第一，用手机对着电脑屏幕拍下来，然后发给朋友看；第二，把网页上的图片保存到电脑硬盘里，然后拿出数据线连上手机，把电脑里的图片传到手机里，最后再从手机里选择图片发到微信给朋友看；第三，把图片保存到硬盘里，然后登录网页版微信，在电脑上选择图片发送给微信好友。

第一种方法最简单，但是用手机拍电脑屏幕毕竟没那么清楚，而且有可能拍不出想要给朋友看的重点。于是，这时我们就可以使用"摇一摇"的传图功能，把网页上的图片"摇"到手机里。不需要数据线，也不需要先保存到电脑里。一边浏览网页就可以一边把看到的图片"摇"到手机，并且甚至不需要做"保存到手机"的动作就能够直接进行分享。可以分享给单独的朋友，也可以分享到朋友圈。

只要我们事先在浏览器里装上"微信摇一摇传图"的插件就行了。目前，这个插件支持谷歌浏览器、火狐浏览器、搜狗浏览器和Safari浏览器等，这些大众主流的浏览器都可以安装。安装插件的过程非常简单，进入 wx.qq.com/yao，就会有操作提示。我们按照操作提示一步一步地跟着做就行了。

安装好摇一摇传图插件之后，需要将自己的手机微信和插件进行绑定。点击浏览器上的插件按钮，拿出手机打开微信，进入"发现"或右上角的"＋"，轻触"扫一扫"，扫一下插件显示的二维码，在微信上轻触"确认绑定"就完成了。

开启了"摇一摇传图"之后，我们就可以一边用电脑上网，一边可以随时十分简单地把网页上看到的图片分享到微信了。轻触"摇一摇"右上角的齿轮，我们可以看到设置界面下方"摇一摇传图功能"后面已经注明了"已绑定"。

"摇一摇"还有一个功能，那就是传书签。

"摇一摇书签"功能可以把我们用电脑上网时正在浏览的网页"摇"到手机里。

　　还是用电脑浏览器进入 wx.qq.com/yao，我们可以看到一个书签按钮，用鼠标右键点击这个按钮，然后选择"添加到收藏夹"，就完成了。只有这一步，就是这么简单。

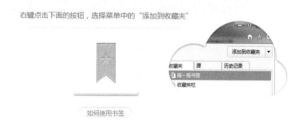

　　接下来，点击收藏夹里的"书签"，用微信扫描弹出来的二维码绑定书签。当我们想要把正在浏览的网页发到手机里的时候，就在打开的这个页面上，点击浏览器里我们之前收藏的"书签"，网页就传送到手机里了。

将网页摇到微信中

安装插件，摇动手机
就能将电脑的网页摇到微信中

　　在微信"摇一摇"右上角的齿轮里，我们可以十分方便地设置并查看向我打过招呼的人、我摇到过的人、摇到过的歌，以及摇到过的网页的记录。

　　其实"摇一摇"曾经还上线过"摇视频"的功能，和搜歌的原理基本一样。从这里我们可以看出，微信的"摇一摇"还是有很多潜能有待开发的。类似"搜歌"的功能早就有多款类似的 APP，而微信的搜歌功能有 QQ 音乐作为强大的基础，凸显出了独特的优势。归根到底用户就是认"使用方便"这一点，不管是用"摇"还是"甩"，总之实用的功能总会受到欢迎和喜爱的。

第二节 微信存储器，关键在记忆

在工作和生活中，总是难免遇到要记录什么的时候。如果你有随身携带笔记本和笔的习惯，当然很好，可是现在大多数的人都没有这个习惯，或者说做到随时身上都能拿出笔记本和笔并不容易。尤其是流行大尺寸手机的今天，口袋里揣个大屏手机就够占地方和占重量的了。那么，我们该如何高效地利用手机来记录稍纵即逝的灵感呢？

有时候需要记录的是突然萌发出的创意灵感，有时候是散步时路过的美丽风景，有时候只是偶尔听到的一句经典的话、一个小笑话。而在微信里，我们不仅可以方便地存储聊天记录、语音消息、图片、文件、公众账号的内容，还能够记录下工作和生活中我们不想错过或遗失的细节点滴。

微信有三种方式可以用来存储信息，分别是我的收藏、语音记事本和文件传输助手。

微信升级 5.2 版本之后，"我的收藏" 功能也变得更加便于操作和查看。

①摘录聊天记录。平时我们聊天的时候，总会遇到需要记录其中某些内容的情况。比如电话号码、收货地址、订单号、临时约会的时间地点什么的。尤其是聊着聊着，对方说"最近在看的一本书很有趣"、"有部电影推荐给你看"等。虽然当时回复说"好的，回头我去看看"，可是等有空的时候却想不起来电影的名字，这时候再回去翻聊天记录就太没效率了。

再或是和客户聊天过程中，客户谈到了自己的喜好，这样的信息一定要及时记下来，会让你的成功率大大提升。等到想要招待客户时，再临时去翻聊天记录，恐怕有价值的信息早已淹没在茫茫的寒暄问候之中了，可是再问一次别人又不太好。

这种情况最简单方便的方法就是在聊天的同时，就顺便"长按"→把需要记录的那句话"收藏"。这样就保留在了"我的收藏"里面，想找的时候打开"我的收藏"就可以看到了，非常实用。当然语音消息和图片也是同样的操作方法，把重要的信息收藏起来，就不用在关键时刻去翻长长的聊天记录了。

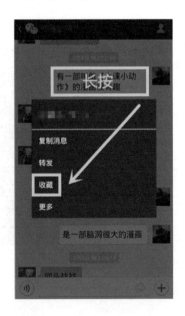

②保存公众账号里的精品文章。关注的微信公众订阅号多了之后，所面临的麻烦问题就是"我没有那么多的时间看呀"。不想浪费时间——阅读，也不想错过好文章，那么就要学会快速浏览并挑选有价值信息的方法了。

点开图文资讯之后，轻触右上角的三个点，选择"收藏"，简单两步，完成存储。

③保存地理位置。在"我的收藏"里还有收藏当前地理位置的
功能。

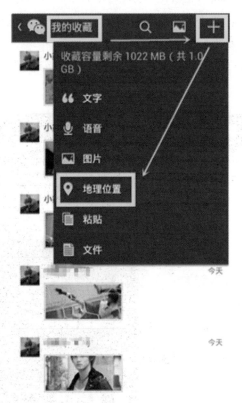

比如租房、买房时去看房子，可以随看随标记。平时我们只能
在笔记本或手机的备忘录里备注一下文字或图片信息，但是这个收
藏地理位置的功能，可以帮我们更好地整理全面的信息。对于吃货
们来说，标记扫荡过的美食店铺也很好用。先一股脑地收藏起来，
事后还可以进行整理。点击"导航"可以找到前往所标位置的路线，
轻触右上角的三个点，还能够查看街景、转发给朋友等。

用来标记地理位置的手机应用也有不少，但是微信把这个功能
整合到"我的收藏"里面，又可以少装一个 APP 了。

④文件存储。手机接收到的文件可以及时存储到"我的收藏"，就不怕要用的时候找不到了。

微信有一个非常好用的"语音记事本"功能。轻触右上角的三个点，选择"设置"→"通用"→"功能"→启用"语音记事本"，就打开了这个功能。

笔者非常喜欢用它是因为它可以和 QQ 邮箱的记事本实现即时同步。虽然现在的大多数网盘的手机客户端都有可以与电脑端或网页版同步的功能，但这是微信里面自带的，不需要再安装一个单独的存储客户端。相信有不少人都在用 QQ 邮箱，所以使用这个"语音记事本"不需要再额外安装或设置任何东西，从上手的便捷度来说，它更简单方便。

并且，语音记事本不仅可以记录语音，文字和图片也完全无压力。记事本的任何内容都可以通过"长按"→"收藏"的方式存进"我的

收藏"中。当然，除了收藏之外，转发、复制、粘贴等也没问题。

虽然语音记事本里面的内容可以即时同步到 QQ 邮箱的记事本，但是 QQ 邮箱记事本里的内容还是无法同步到微信里的语音记事本。想要电脑和手机里的内容进行相互传输的话，微信还有一个功能叫"文件传输助手"，而且无需自己动手添加，它早就在你的通讯录里了。

"扫一扫"二维码即可登录网页版的微信（wx.qq.com），登录后可以传送文字（还可以加表情）、图片、文件、截屏等到手机。当然也可以传输文字、图片、文件到网页版微信，然后存进电脑里。

有很多网盘可以实现电脑数据和手机数据信息的即时同步以及存储。不过，对于普通用户来说，用好微信的这几种存储方法就足够应付一般的工作、生活中随身随时随地的信息存储需求了。只要你有微信，就不需要安装额外的存储客户端。不论在公司、家里，即便是用别人的电脑，也一点都不会麻烦。

就算你对自己的记忆力充满自信，但有句老话说"好记性不如烂笔头"，试着养成随时记录、随手存储的好习惯。转瞬即逝的创意灵感是宝贵的，生活中的欢乐点滴是无价的，把微信当成随身存储器，随时随地记录下有价值的信息吧。

 ## 第三节　用微信来管理自己

说到"管理自己"，很多人第一想到的是"时间"。没错，每当我们意识到需要自我管理的时候，往往就是对自己浪费了太多时间而产生罪恶感的时候。其实，对于自我来说，最重要的管理主要就是时间、健康、目标计划以及人际关系这几个方面。

这几点随便哪一点拎出来讨论，都是一个说不完的话题。不过，你有没有想过，一个微信就可以帮我们进行"自我管理"，甚至它已经涵盖了方方面面。

》 1.管理时间。

微信公众账号有个"语音提醒"，自称是我们的语音提醒小秘书。轻触右上角的"＋"，在"添加朋友"里选择"查找公众号"，搜索"语音提醒"，然后添加关注。

使用非常简单，只要像和微信好友发送语音消息一样，发送语音信息给小秘书，就可以让她提醒我们。比如说，跟她说"5分钟后提醒我吃药"，她会回答"没问题,凌晨0点42分准时提醒你"。然后我们可以看到一条回复过来的消息。

轻触右下角的播放按钮，我们还能听到自己发出的提醒指令。

到了指定的时间，手机会响起提示音，这个提示音和平时微信来消息时是一样的。点开就可以看到一条附带语音信息的提示消息，轻触消息左边的播放按钮，就可以听到自己发出的语音指令。这可以便于我们在设置了多条提醒指令时，把各条提醒指令区别开来。

说到管理时间，对于微信的中度或重度使用者来说，如果仔细计算每天泡在微信里的时间，或许连自己都会感到吃惊——我怎么会把那么多时间都用来"玩"微信了？因为微信的功能越来越多，内容越来越丰富。从和朋友沟通联系、阅读公众号的海量资讯、玩游戏刷榜单，再到"我的银行卡"里的生活服务。尤其是阅读公众号的时间，因为公众号发布的内容大多都是精挑细选打磨过的内容，因此看起来好像都很吸引人。关注的公众号多了之后，就会比较容易"一看起来就没完没了"。所以，最好是根据自己的情况，计划一个阅读公众号的时间段。比如每天看几次，每次几分钟，然后随时让"语音提醒"帮我们管理一下不注意就浪费掉了的时间。

语音助手类型的微信公众号里面，有一个叫"哦啦语音助手"的公众号。正如它的功能介绍所说的一样，是一个很实用的小助手。可以查天气、听音乐和新闻、讲笑话、查考试答案、旅游路线、工作备忘等。尤其是对于在上班途中需要乘坐较长时间的上班族来说，在拥挤的车厢内有时拿着手机看新闻不太方便，这个小助手可以为我们报新闻。

同类的公众号不止一个，可以尝试几个之后找到最适合自己的。

2.管理目标计划。

微信帮我们管理目标计划最有效的方式就是"朋友圈"。没错，我们把自己想要达到的目标发到朋友圈，让大家监督，这样会比默默的努力效果来得好。这种方式尤其适合短期或中期的目标计划。比如减肥、考驾照、考资格证等，都可以通过更新朋友圈的方式来让自己一直保持斗志昂扬的状态。因为朋友圈是个相对私密的空间，可以选择给谁看，不给谁看，所以既不会不好意思，同时也可以有被监督的压力，自然也会更有干劲。

》3. 管理人际关系。

亲情、友情、爱情都需要我们进行用心维护，才能得以和谐和长久。除了这三种感情关系之外，平时让我们极为费神的还有同事、客户、领导等这些每天都要面对的复杂的人际关系，也同样需要我们的用心维护。既然是"维护"，就必然有一定的方法。

首先，善于利用微信好友资料页面的"备注信息"。点击头像进入"详细资料"，轻触右上角的三个点，选择"备注信息"。

尤其是在微信好友比较多的情况下，并不是经常联系的人万一改了名字或自己想不起来关于对方的信息，就糟糕了。因此，编辑好友的"备注信息"是个好习惯，最好是在一开始加为好友的时候就填写好。当然也可以在聊天的过程中，加入新资料。

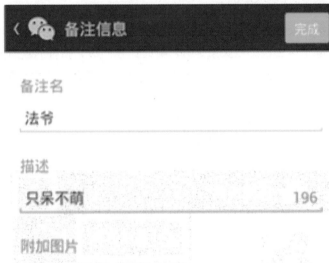

备注名可以填写便于自己辨认的特征性的词语，自己一眼就能认出来的就行。描述可以填写 200 字，能够备注不少内容，比如年

龄、职业、相识的契机、兴趣爱好、性格特点、优点、缺点、需求点，以及这个好友在自己的哪个圈子里等。微信还很贴心地准备了"附加图片"的地方，尤其是那些不用自己照片当头像的好友们，万一改了昵称，就不认识了。我们可以在"附加图片"处自己备注上照片，或是具有代表性的图片。

全部填写完之后，轻触右上角的"完成"就行了。这样，这位好友在通讯录里就是以我们备注的名字显示了。

随手保存聊天记录也是一个有利于维护人际关系的好习惯。并不是要把所有的聊天记录一字不漏地保存起来，恰恰相反，我们需要有敏锐的观察力和注意力，尤其是在和客户或领导聊天时，如果是谈公事，那么重要的内容必然要记得随手长按→轻触"收藏"，一个动作是一个习惯，一个习惯可以改变事情的结果，甚至是命运。如果是闲谈，那就需要留心客户或领导的话语中谈到的喜好或憎恶，同样随手长按→轻触"收藏"。然后一天或几天整理一次"我的收藏"，相当于巩固了记忆。

第四节　微信需要你的深度使用

我们手机里或许存着很多老同学、老朋友的电话号码，但是一年却也不见得打一次。并不是感情淡了，只是不知道说什么好，也怕打扰对方。可是自从有了微信，通过手机联系人添加了好友之后，可以看到大家的动态，尽管平时大家都忙，没有空打电话闲聊，但看到朋友圈里的动态时，随手点个"赞"的功夫还是有。这个"赞"表达的是一种关怀、一种惦记。可能多年没见的朋友就因为一个"赞"又开始熟络起来。

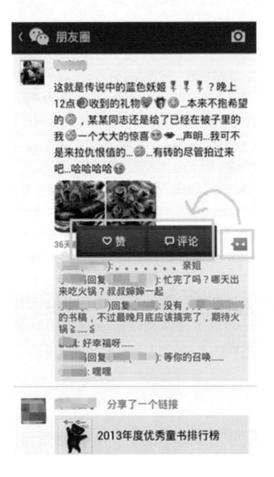

　　我们用微信和家人报平安、送祝福。在没有用微信的时候，年迈的父母或许不方便输入短信，又或许我们正忙碌着，不方便接听长辈打来的"唠叨"电话。父母感到寂寞，我们感到自责。自从大家都用上了微信，以前可能一个星期给家里也打不了两三个电话，现在每天一有空隙的时间就可以发条语音互相问候，视频通话也成了家常便饭。

　　女朋友用微信查岗，发个地理位置过去就能消除误会。公司同事的微信群里，大家都积极地分享行业最新资讯，掌握客户心理动态，团队效率整体提高。企业开例会，短则一个小时，长则几个小时，各部门的进度都要受到影响。用微信群汇报工作、布置任务，需要讨论时打开"多人对讲"，各抒己见。网店店主一边分享开店的奇闻轶事，一边顺便推广一下自己的小店。

6 亿微信用户大多数都是使用的这些基本功能。其实用微信能做的事情远远不止这些。

》 1. 腾讯产品总动员。

用微信"QQ 离线助手"我们可以查看 QQ 好友，并接收和发送 QQ 消息。对于手机 QQ 的轻度用户来说，基本上有了微信，手机 QQ 就不用装了。

微信里的"QQ 邮箱提醒",不仅可以提醒 QQ 邮箱收到了新邮件,而且可以直接在微信里查看邮件内容、附件内容,word 文档也可以实现预览。当然,还可以在微信里直接回复邮件。

"微博私信助手"和"微博阅读"可以在微信里查看关注的微博内容,以及收发私信。

)) 2. 游戏娱乐也不误。

微信里的"游戏中心"囊括了当下最流行的游戏种类,牌类、麻将、节奏类、消除类、酷跑、休闲类,当然还少不了"全民打飞机"的飞机大战。而且不但可以自己一个人玩,还可以和微信好友们合体、竞赛、比成绩、排榜单。

过年用微信发红包、抢红包,既好玩又联络了感情。

公众平台订阅号里也在内测"社区"功能,关注了同一个公众号的人可以在"社区"里交流讨论。

3.不出微信搞定一站式消费。

"我的银行卡"里增添了不少生活服务项目。手机充值、基金理财、嘀嘀打车、Q币充值、微信红包、电影票、AA收款……

不用出微信，就可以领取优惠券、约好朋友吃饭、订好餐厅和座位、选好菜单、预约出租车、查影讯、买好电影票（顺便选好座位）和朋友算好 AA 付款金额，重要的是这一切最后结账都可以用微信支付搞定。

不仅如此，还可以通过微信团购、抽奖、管理会员卡和银行卡。出去旅游，可以在微信里查看旅游类的公众订阅号，计划路线和日程安排，接着通过服务类的公众号预订机票、订酒店房间、优惠购买景区门票，还可以结伴、拼车、拼导游……

》4. 小区停水，微信通知你。

相信很多人都有过这样的经历，一般小区物业通知停电、停水时，都是把通知打印出来张贴在小区门口宣传栏、电梯里、楼梯口等地方，稍微没留意就没看到通知，错过了消息，给生活也带来了诸多不便。关注小区物业公众号，停水、停电早知道。当然，还可以用微信缴物业费等。

微信到底能够有多"深"，现在谁都说不准。不过，作为个人用户，只要对我们有利、让我们的生活更方便，那么我们只需要尽管去使用就行了。

第三章

创业新途径
　　——低门槛、高收入的创业基地

第一节　其实你也适合微信创业

　　一说到"创业"，想必很多人就会开始认真地做起"计划"来。不但要选择创业的领域，还要做一个至少五年的发展计划。其实互联网发展到了今天，不论是涉及的商业领域还是用户的普及率，都在飞速扩张。从社交领域到电商领域，这些年互联网世界的发展状况让我们明白了一个事实——谁都不知道互联网明天会发生什么事情。

　　因此，对于今天想要创业的人来说，最重要的就是要有敏锐的眼光，能够捕捉到最新的创业机会。我们不需要写什么三年、五年计划，因为不能控制的因素要远远多于能够掌控的因素。

　　有人认为微信作为一个商业平台还不够成熟，接下来的发展方向也有点捉摸不透。可是，会做计划的人在如今这个日新月异的互联网时代已经失去了很多实际的意义。反观我们身边，那些拥有即兴发挥才能的人，总是能够抓住时代赋予的每一个貌似不起眼的机会。因为他们的眼睛总是在向前看，向未来张望。在行动之前，最好不要做出重大的决定。既然微信也还在不断地求新发展之中，我们完全可以伴着它的脚步一同发展。

　　细心的人已经发现，网民正在无声无息地逐渐从微博向微信转移。微博是一个发布信息的平台，在交互方面比较弱。虽然新浪一直在推私信聊天、微博桌面等，但微博上的粉丝关系还是很弱。但是微信是以手机通讯录联系人、QQ好友（同学、家人、同事）等关系为基础建立起来的较强的人际关系。绝大多数普通用户在微博的粉丝数都在一千以下，而且大部分都是陌生人。而微信却不同，你在朋友圈发的近况下面，会有熟悉的人评论回复或点赞。因此，微博更适合媒体发布资讯信息，但不适合通信交流。而微信公众平台的推出，为三年前没有在微博创业成功的人，再次提供了一个新的广阔市场和机会。

那么，到底什么样的人适合微信创业呢？

1.对互联网信息敏锐的人。

作为一款主要功能是通信的手机应用，凡是安装了微信的用户，大多数一天难免要点开几次。因此这些用户希望在微信里能够获得最新、最快的资讯。如果你提供的资讯或服务滞后，用户就会有失望的感觉。因此，思维和信息都要跟得上互联网的节奏才行。

2.想做小规模创业的人。

小规模的公司、小规模的事业并不仅是一块跳板，专心地把一个领域，甚至是一个领域内的一个分支做好，本身就是一个非常伟大的目标。

微信适合想小规模创业的人。人员的工资、办公场地的租金、与行业有关的配套设施等都是花销，规模越大，这些花销就会越大。而在微信上小规模的创业，可以省去这些大笔的花销，在最开始的时候，甚至只需要你一个人和一台笔记本电脑就可以开始了。

3.不把微信创业当全职的人。

其实微信创业并不一定要用到微信公众平台，对于一些小规模的企业或个体商户来说，用朋友圈就能做很多生意了。

前文也提到过，微信的发展方向、合作方式等都还具有一定程度的不确定性。在用户的不断增长过程中，微信的团队也会面临调整模式或开辟新途径的种种问题。因此，我们可以一边做着别的，一边兼顾微信创业。

不过，微信公众平台的发展趋势已经明显展露出了强大的优势——与其 APP，不如微信。

策划、开发、上线、推广一个手机应用，需要花费相当的时间、精力和金钱，还有要命的安卓和 iOS 平台的分别开发。而微信公众平台却可以免去这些痛苦。

首先，绝大多数的手机用户都比较在乎流量费用的问题。那么，对于用户来说，想要使用某个 APP 的功能，但是安装包就有几兆到几十兆不等，而微信公众账号只需要添加，不需要安装。

比如说，你想要用户安装预订酒店的 APP，人们不见得愿意，一是要消耗流量，二是占用手机内存，三是还要注册，挺麻烦。而且不同品牌的酒店都有各自的 APP，而很多人不可能永远只在一家酒店订房。这时，你建议他添加一下酒店的公众账号，同样可以方便地使用订房的功能，而且不用注册（用微信号直接登录，还有订房优惠），还可以用微信直接支付（再一次打折），几乎没有任何负担，很多人都会乐意添加的。

其次，安装了 APP 之后，启动它少则几秒，多则十几秒、几十秒，这个等待过程哪怕很短，仍旧会让用户的心情大受影响。再加上很多 APP 附带了许多没什么实际意义的功能，而且为了与其他的 APP 风格区分，形成差异化，还特意把界面做得让人眼花缭乱，刻意制造出"不习惯"的感觉。而微信公众平台，使用起来，就是点开微信→点开公众账号，简洁实用的界面，操作简单。

再次，相信大家都有过"APP 不升级倒好，一升级反而让我恨不得卸了它"的经历。一是你不升级，它就不断地在通知栏里喊你升级；二是升级要流量啊；三是升级之后变得更大但是并没有更好用。而微信公众账号，不论账号在后台如何拆房子、改架构，都不会提示用户"您现在升级吗"，它的改造成果更不会消耗用户的流量。

最后，我们知道对于初期创业者来说，时间和金钱尤其珍贵。创业不可能 100% 成功，那么就算失败了，做微信公众账号失败的成本，也要比做 APP 失败的成本低得多。至少在开发阶段省去了多个平台分别开发的成本，不论安卓、iOS，还是 WP，只要装了微信这个应用，就都可以添加并使用微信公众账号。上线应用商城和推广的费用就更不用说了。

第二节 你需要创业方向上的商机点拨

拥有 6 亿用户的手机应用"微信"，俨然已经成为了一个炙手可热的创业平台。如果说有足够的用户数和用户的需求，就具备了创业条件的话，微信还远远不止这些。从个人通讯到企业例会，从微信打车到移动支付，人们纷纷开始寻找微信里所蕴藏的商机，这个场面就像当年的"淘金热"一样，确实有人淘到了金子，所以才会有那么多人蜂拥而上。做任何事都有成功和失败，也有可能没有结果。

微信创业也是一样，面对这 6 亿人的金矿，你可以去"淘金"，也可以去"卖水"，当然还可以去淘金现场实时转播"淘金热点新闻"。根据个人、中小团队、企业、政务机构等不同的对象，微信的价值也有不同的挖掘方式。

> 1. 对于个人以及个体经营者来说，2014 年是微信草根崛起的黄金时期。

虽然最理想的创业模式是别人无法复制的，也就是说只有你能做，别人都做不了的。这样的模式有，但是成本对于个人或个体经营者来说太高昂了，也没有这个必要，因为同时失败的风险也很高，个人承担不起这么大的压力。既然如此，适合个人或个体经营者的微信创业方式是什么呢？

①朋友圈分享。适合做个人品牌和新奇特产品。这是最简单不过的一种个人微信创业形式了，但是切忌狂刷广告和推广信息，那只会让人反感和厌恶，最后把你屏蔽。朋友圈分享也有巧妙的方法，有个真实的例子。

一个刚大学毕业的女孩子，全国各地去旅游，把旅途中遇到的风土人情和当地的美食、特色产品等分享到朋友圈。内容有趣，因此很多人关注她的朋友圈，同时有人看到当地的特色产品时，会搭话问“这是什么？可以帮我买一点吗”，个人品牌就这样慢慢做开了。

②微信群分享。与之前的 QQ 群营销相似。

③公众订阅号。普通的个人做公众订阅号，很难保持高原创度和高水准的内容更新。因此不少人通过减肥、美容、养生、星座、心理测试等这种可以大量摘录编辑的类型公众号来积累粉丝数。安徽有一名大学生一个人开了七个这样的公众号，由于这种类型的账号涨粉快，因此根据粉丝数收广告费就月入两万以上。

④自媒体公众号、付费订阅等。不论是哪个专业领域，只要你有实力，不妨开设一个自己的公众订阅号来展现才华。也有人通过公众号连载专栏，积累一定的粉丝人数、口碑影响力之后，开始尝试付费阅读的形式。只要有一群人喜欢你发布的内容，那么请你喝杯咖啡、买瓶水的钱还是愿意出的。

⑤汽车美容、订餐外卖等实体小店。微信订餐已经不是什么新鲜概念了，这种服务非常适合针对的消费人群是附近居民的小商家。可以省下一笔租旺铺地段的门面费，花一点时间和金钱用微信来招揽消费者，并且通过微信发送打折信息、优惠券、售后服务等留住回头客。

⑥先在微信上免费体验，再引导消费。

2. 对于中小规模的团队来说，“每一个公众号都是 APP”。

前面说到，有人蜂拥而至去“淘金”，也有人悠闲在旁边“卖水”。比较适合于中小团队的微信创业项目，就是在旁边“卖工具”、“卖水”。

①为企业提供第三方开发服务。微信已经开放了很多接口，也正应了腾讯合作大会上的那句话“每个公众号都是一个 APP”。通过微

信开放的这些接口，能够做出许多有趣又有用的"应用"。帮企业搭建微信里的"微站"也依然成为了一个庞大的行业。

②做微信代运营。如果现在才开始做微博代运营，恐怕很难能够做起来了，可是微信这块仍然有很多市场还没有被占领。做代运营很多时候要看谁入行早、有经验，而目前这个行业还是一片春意盎扬、生机勃勃的繁荣景象，有不少公司、企业都有涉足微信的计划和想法，抓住时机便成功了一半。

③应用开发。这个领域需要一定的专业能力，还需要和微信进行协商合作。不过已经有了不少成功的案例，比如印象笔记、印美图等。

④法律顾问、心理咨询类。律师事务所通过微信公众号发布法律常识或典型案例分析，同时接受关注者们的咨询提问，顺便就把案子接下来了。微信是个相对私密的空间，法律咨询大多时候也都涉及隐私，这种方式给人们一种安全感，通过阅读公众号发布的资讯、案例分析等，也可以增强信任度。

⑤HTML5 网页游戏。很多人用手机玩游戏还是为了休闲娱乐，要是真想体验 3D 动感、震撼画面的效果，谁会用手机玩呢。因此，手机轻型小游戏的市场也绝不可忽略。

⑥微信个性化增值产品。通过安装微信插件来给微信挂载更丰富的附加功能。比如搞怪新奇的表情大全、猫猫狗狗等萌图美图、微信变声器、伪装地理位置等。打开插件，选择素材，然后直接发送给微信的好友或朋友圈。或者一打开微信，插件就在左上角。使用方便，同时也满足了微信用户的多样化聊天的需求。

3. 对于企业来说，2014 年是个考验决策层对移动互联网领域敏锐观察力的时期。

不管你信不信，微信的 6 亿用户就在那里；不管你重不重视微信，反正已经有同行开始行动了。

①高频、低频都有需求。有人说微信盯准的是高频需要，也有人说只有低频需求才适合现在的微信。不论哪一种观点和看法，都有道理。对于把微信公众账号当 APP 来使用的用户来说，他们需要的是高频服务项目。很多人被手机内存容量限制，留在手机里的 APP 都是筛选下来的高使用频次的，因此如果公众号可以代替某些 APP 的功能，那么这部分人就会卸载 APP，觉得去关注公众号就行了。

而为什么还有一部分人会去关注低频需求的公众号呢？因为低频次的服务往往也都比较重要，虽然使用频次不高，但总会有要用到的时候。比如我不可能每天违章，但是关注政务公众号我可以随时查看处理信息，以及预约办事等。尽管我不会一天查几次信用卡余额、还款日期等，但是每个月总要用那么一两次的。而想要解决这些问题，如果安装一个单独的 APP，平时总占着手机内存，感觉挺浪费。但要是不装，还得自己出门跑几趟，比较折腾人。因此低频次的服务本身问题多，这就是商机。

②移动电商蠢蠢欲动。微信这次吸取了其他网的前车之鉴，并没有急于猛推微信移动商务平台的脚步。毕竟 6 亿用户是通过"通讯"功能累积出来的，突然一下子让聊天的朋友们变成买家、卖家关系，谁都接受不了。不过细心的人已经可以从微信支付功能看出一些微信想要推移动电商的端倪。

"我的银行卡"里有生活基本消费类型的充话费，有娱乐消费类型的充 Q 币，还有稍微升级一点的精神消费类型的买电影票。从充话费开始慢慢培养用户通过微信消费的习惯，再逐渐导入"精品商城"，团购、秒杀促销活动再一助推，微信用户就会以一种自然而然的过程开始依赖微信支付、微信购物。

③如果说移动电商的商机还尚不明了，那么 O2O 其实已经开始成为了一定趋势。线上推广，线下消费是微信支付的重点。通过"扫一扫"二维码，优惠券到手、付款成功，并且是"直接到账"，可以说是目前最便捷的移动支付方式。

"扫一扫"自动贩卖机上的二维码,用微信一键支付,饮料就出来了。很多人去"扫"自动贩卖机,估计都是为了尝个新鲜,觉得好玩。不怕你玩上瘾,就怕你不玩。微信让人们变得越来越"懒",干什么都越来越方便。

4. 对于政务部门来说,又何尝不是一个与市民拉近关系的好机会呢。

关注交通公众号,可以查路况、查违章处理进度、接收最新的通知,接着马上还要推出查空气质量指数的功能。我们到外地出差或旅游,想要去附近逛逛,又不知道有什么看点或值得一吃的美食。那么只要关注当地旅游文化部门的公众号,地图、景点、文化节等信息一应俱全,直接在微信购买景区门票还有打折优惠。

同样,这些功能还用在医疗、教育、保险等基础职能部门。

任何一个领域里的任何一个哪怕极小的分支,其实都有一个广阔的市场。微信创业的热潮势不可挡,现在说 IT 就要说到移动互联网,说到移动互联网怎么说都要提到微信。说"商机无限"都不为过,关键是看自己的定位、目标,以及对微信价值的理解和挖掘能力。

第三节　去哪吃："约饭"功能迎来新契机

　　中国人吃饭有个习惯就是喜欢大家一起吃。如果一个人下馆子，去饭店吃饭会感到非常不好意思。所以，当有想要去的餐厅，或是需要在饭店吃时，都会想要喊上几个人一起去吃。想和家人一起，想和朋友、同事一起，就算独自到了异地，哪怕是和陌生人一起也好，就是不想一个人吃饭。于是，手机里的"约饭"功能迎来了一个商业新契机。

　　"去哪吃"是美食网站好豆网推出的一款手机应用。很多人知道好豆网都是从"好豆菜谱"开始的，菜谱的功能是教你做菜，也就是说在家里吃。而"去哪吃"顾名思义，就是去外面吃。在"好豆菜谱"打下的良好基础上，"去哪吃"这款手机应用一上线就获得了数十万用户的青睐，仅两个月独立用户就破百万。好豆网于2013年12月举行的"2013年百度hao123能量盛典"上荣获年度上升最快的十大热门网站，与58同城、唯品会等一同获奖。

　　2012年6月，"去哪吃"推出了"约饭"功能，只需一键就可以向微信好友发出带有餐厅资讯的消息，邀请好友共进美餐。

　　传统的约饭方式是主办者挑选一个地方，还得费脑筋想一个符合大家口味的地方，然后一个一个地去打电话、发短信，还要回答具体地址，甚至还会被询问行车路线等。一圈电话打完、短信发完，最后还要再反复确认、核对一下人数，确保人人都知道怎么去那个地方，确实比较麻烦。

而用微信"约饭"的功能，就可以直接发送一条餐厅信息给微信好友，当然也可以发到群里，新版还支持发到朋友圈。朋友只要点击消息，就可以看到详细的餐厅介绍、其他网友的美食评论，还有最让人省心的"餐馆路线规划"。朋友们收到消息，纷纷响应，然后结伴到餐馆用餐。

而这种营销方式，就是传说中的"O2O营销模式"。Online To Offline又称离线商务模式，顾名思义，就是指线上购买带动线下消

费。就是通过移动互联网向用户推送打折、服务预订等方式，从而把线上的用户转换为线下的客户。这种营销模式非常适合必须要客户亲身到店才能消费的商品或是服务，比如餐厅、美容院、电影院、健身房等。

电子商务模式中传统的网购，也就是买家在线上（网上）挑选商品，然后拍下、付款，接着卖家通过物流发出商品，买家签收、确认付款。目前这样的线上交易流程，已经被大多数人接受、认可，并且普遍熟悉了。可是对于客户必须要亲临其店才能消费的行业，不可能单纯依靠传统的商业模式发展下去，而且这个消费领域甚至比线上消费更广阔。

既然很多消费者已经有了线上消费的习惯，正如有很多年轻人，只要有电脑或手机可以上网，就根本不再去看电视了，那么如何把线上的消费者吸引到线下来，让他们乐于到实体店里进行消费，这就是O2O营销所要做的事。

微信"约饭"之所以在短时间内形成了一股潮流，就正是抓住了其中的商机。

1. "民以食为天"，抓准了需求。

每个人都要吃饭，而且每天都要吃。不仅要吃，而且要吃好，也就是注重健康；不仅要吃好，而且要好吃，也就是我们说的"美食"。这个市场的需求不仅非常巨大，而且素材不怕过时。中国人吃饭有个词叫"饭局"，换句话说，就是在吃饭的同时把事给办了。不论是老友重逢、同学聚会、公司聚餐、宴席请客，又或是三两个"吃货"一起热闹热闹。总之，"约人吃饭"是大家隔三差五就要做的事。

2. 社交化消费，开辟O2O新模式。

如果微信"约饭"只是约人吃饭，吃完就完了，就太没有意思了。吃饭前和吃饭后，我们都可以用微信交流。比如大家都收到了同一个餐馆的信息，这个信息就包括地址、电话、顾客评论，还有菜品。在去餐馆之前，或是去餐馆的路上，大家各自用手机查看这些信息，然后在微信里直接交流，比如点什么菜。

吃饭的同时可以拍照上传到"去哪吃"对应的餐馆点评部分，当然还可以分享到微信朋友圈显摆一下。吃完之后，还可以继续沟通交流，比如下次去哪吃。如果是经常一起吃吃喝喝的美食圈朋友，在结账时，还可以用微信的 AA 付款平摊饭钱，避免直接当面交钱找钱的尴尬。

这样的 O2O 模式融合了社交理念，让人们的线下消费和线上社交完美贯通，并且社交化的线上线下消费，更便捷、简单，自然而然地就有了想继续使用这种模式的意愿。

》 3. 移动互联网是趋势。

好豆网市场中心的负责人在接受媒体采访时曾表示：现在做移动应用的竞争非常激烈，打造出用户喜欢和用户价值的核心产品是最关键的。但是除此之外，整合对接微信这样的亿级用户开放平台，是很好的尝试。并且这次对接合作，最大的受益者是用户，他们找美食、约饭和线上移动交流等体验完全一体化。

无论是百度以地图为依托建立 LBS 生态圈，还是阿里巴巴的支付宝与线下商家合作，以及腾讯力推的二维码微支付，这都是要将线下商业机会与移动互联网结合在一起的动作。

一句话，线上和线下一旦连接贯通起来，将为互联网商业时代注入又一次爆发式的力量。作为用户，我们就拭目以待更便捷的生活方式到来；作为商家、创业者，就需要保持敏锐的观察力和决策力，抓准时机。

第四节 1号店"我画你猜"的可复制模式

　　1号店的微信"我画你猜"互动活动，短短五天便带来了近两千名新关注者，在整个活动期间关注者回复的消息近万条。这个活动也被各家微信营销相关网站收录进了"2012年十大经典微信案例"，同时也被多位微信案例分析大师当成典型案例分享。

　　先来看看1号店这个微信营销活动的方式。

　　微信用户先要关注1号店的微信公众账号，然后在活动期间，1号店每天都会发送一张图片给关注了它的订阅用户（关注者）。这张图片上画着一些物品或图案，订阅用户根据这张图片上的内容来猜答案，并把想好的答案回复给1号店的公众账号，只要猜中正确答案就有机会获得图片中所画的商品。并且这个活动通过1号店的官方微博进行推广，以有奖转发的形式扩大了活动的影响力。

提问：猜猜我画的是什么？提示：时尚数码产品。

是的，他来了！
突然说要开放预定
时间紧来不及作图

（本图片来自网络仅作示例）

注：第一时间回复并猜中的粉丝将获得该商品！根据奖品额度，每日产生3~10名幸运用户，不得重复获奖。同时，网友可以创作"你画我猜"作品并投稿，一经采纳还有百元礼品卡送上！

*1号店员工及家属无中奖资格

第一步：关注1号店官方微信；
第二步：接收1号店每天一副画作；
第三步：猜出答案发送给1号店。

　　有奖品作为诱惑，固然会吸引一部分人参与。但是"我画你猜"这种互动游戏的形式才是这次活动成功的关键。如果只是通过转发微博抽奖的形式，宣传大家加微信公众号，效果肯定不是这样。那如果只是"关注微信公众号就有机会中奖"也不会吸引这么多的用户来关注。因此，一种吸引人的互动方式至关重要。

　　"1号店开通了微信公众号！大家来加好友吧！"听上去很没有诱惑力吧？作为用户来说，"我为什么要加你的公众号？加了你对我有什么好处"这才是最关键的问题。而1号店的"我画你猜"活动，就自然地回答了这两个问题。"关注1号店的微信公众号，参与玩游戏，猜中的还有机会拿走画中的商品"听上去就诱人多了。

　　这个互动游戏的类型也十分重要，想想如果是打牌下棋或迷宫、打斗之类的那种游戏会怎么样？大概很多人都会觉得"太费时间了"、"太难了"、"是不是还需要安装什么游戏插件"等。而"我画你猜"这种"短、平、快"的游戏类型和形式，就很适合用来做微信推广活动。

　　1号店的这次"我画你猜"的微信推广活动，其中有不少值得借鉴的思路。

　　①游戏规则简单。一句话，猜图上的是什么东西，把答案发过来就可以了。游戏规则简单与否就决定了这个游戏传播的速度和覆盖的面积。而且这个游戏并不是1号店发明的，在此之前，早就有一款名为DrawSomething的手机游戏风靡全球。对于游戏规则，用户们早就熟悉了，并且很多人都爱玩。1号店只是把这样的游戏形式引入微信的推广活动中而已。

　　②游戏内容简单有趣。"我画你猜"的图片内容虽然不是一目了然，但是对于绝大多数人来说都是可以猜出正确答案的。这就增加了互动的人数。当然，如果过于简单又会失去可玩性，像一个赤裸裸的广告。1号店发送的几张图片，需要用户想一下，但是很快就能猜出来。

　　③不占用用户过多时间。只是猜个图片而已，快的话一分钟就搞定了。这样不需要用户额外地计划出一个时间来参与活动，在做

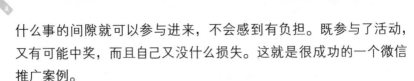
什么事的间隙就可以参与进来，不会感到有负担。既参与了活动，又有可能中奖，而且自己又没什么损失。这就是很成功的一个微信推广案例。

游戏的形式也是老少咸宜的通俗类型，可参与的对象非常广，门槛很低，参与度比较高。接下来，只要公众账号发布的内容不会引起用户反感，那么取消关注的概率也很低。

第一步：关注1号店官方微信；
第二步：接收1号店每天一副画作；
第三步：猜出答案发送给1号店。
提问：猜猜我画的是什么？提示：生活电器

注：前N名抢答并猜中的用户将获得以上商品！同时，网友可以创作"你画我猜"作品并投稿，一经采纳还有百元礼品卡送上！

从1号店的这次微信推广活动中，我们可以找到一种可复制的推广模式。那就是亲切、简单的互动形式，加上奖品或折扣的诱惑。尤其是在微信的关注人数还没起来的时候，可以尝试这种"不招人讨厌"的推广模式，比如在微博上发题目，然后配图里加入微信二维码，把答案发给微信公众号就有机会获得奖品也能够取得不错的推广效果。

第四章

明星星地带，打造自己的"娱乐圈"

第一节　陈坤公众号，付费会员新思路

　　2013 年 9 月，陈坤这位影视明星登上了各大科技媒体的主要版面。起因就是引起了 IT 界一片热议的"陈坤微信收费制"事件。不仅是科技媒体，甚至连中央电视台都进行了长达几分钟的报道分析。对于普通网民来说，这是一个"明星向粉丝收费"的事件，但是对于思维敏捷、对微信领域敏感的人来说，却引发了对微信公众平台可能性的一系列思考，并梳理出了一条新思路。

　　我们先来看看"陈坤微信收费制"到底是怎么一回事。陈坤的微信公众号升级后，不但界面比一般的服务号华丽，而且还实行了会员付费制度。付费成为会员之后，可以使用一些免费会员不能使用的功能，比如在讨论区和其他歌迷以及陈坤互动，收听陈坤亲口问候早安和晚安的语音信息等。入会的费用从包月 18 元、季度 50 元、半年 98 元到包年 168 元不等。

其实原本明星歌迷会、影迷会收取入会费用并不是一件多么新鲜的事。在韩国、日本，明星的官方歌迷会不定期举行招募会员活动，每期入会时都需要缴纳一定的会费。成为官方歌迷会的会员之后，可以享受演唱会门票优先购买，参与明星画报、签名 CD 抽奖等活动。因此，陈坤的影迷会收会费这件事并不值得大惊小怪。这个事件之所以被大范围报道，甚至还上了中央电视台，最主要的原因是陈坤是第一个实行微信公众账号付费阅读的影视明星。于是引发了业界关于微信公众平台营利、企业与微信公众平台联手的可能性等一系列思考和讨论。首先要注意的是，陈坤的这个微信公众号是"服务号"，并非"订阅号"。服务号原本也是针对企业开放的平台。从陈坤的微信公众账号界面，我们来看看企业品牌能够看到哪些价值。

》 1. 展示模块。

陈坤微信公众号的"写真馆"、"最新动态"、"行走的力量"，这三个板块都属于展示类型。对于明星来说，主要目的就是为了向粉丝展示和宣传相应的内容。在"最新动态"里，可以看出更新还是比较频繁的，消息都很及时，并且还有评论和点"赞"的功能。

"写真馆"是只面向付费会员开放的区域。这个板块如果联想到企业，那么就是一个展示品牌和产品的模块。微信公众服务号针对的对象是企业，并且服务号一个月只能群发一条消息，所以想要更新产品目录、展示宣传商品，让关注者了解企业形象和品牌，就非常需要这样的"橱窗"式模块。

同样，"音乐"也是面向付费会员开放的区域。那么如果是企业公众号，就可以结合"微视"等短视频功能，用音频或视频的形式展示品牌形象，推广产品或服务。

》 2. 支付形式。

值得注意的是，付费会员卡的支付方式是通过微信支付来完成，也就是直接用微信绑定的银行卡支付，一键搞定。如果这个功能开放给企业，那就是那个让众人期待已久的功能——微信商城。能买会员卡，就能买别的，技术上是没有问题的。现在只差微信给权限了。由于这个功能具有爆炸性的效果，因此至今微信方面还是十分小心和慎重的。

当然微信商城并不是简单地用手机买东西，而是完美实现微信O2O模式，把线上和线下打通，这其中的商业价值难以估量。

》 3."会员中心"和"讨论区"，互动平台。

明星与粉丝的互动至关重要，而且这其中互动的频率又十分微妙。互动得太少，没有亲切感，会掉粉；互动得太频繁，没有神秘感，也会掉粉。所以会员中心的职能，应该更多的是会员与会员之间讨论、交流，明星偶尔冒个泡。

那么对于企业来说，维护好与客户、用户之间的良好关系是必不可少的。如果有一个用户之间也可以交流的区域，分享使用产品的心得体会、客服帮助用户解决使用中的问题等，这种近距离的服务也可以加深对品牌的依赖感。

回到微信的价值开发上来，其实从技术层面上来说，陈坤微信公众号的各个模块并不难做。但是为什么在此之前没有那么多企业这么做呢？

首先，最关键的问题是微信目前还没有对所有的企业公众号开放这么多权限。当然这其中也因为微信团队对移动互联网这块发展趋势还在探索当中。不过，企业需要更加自由和开放的权限。确切地说这是微信的第三方服务平台、第三方开发代运营商的迫切需求。如果给他们足够的权限，相信还能够开发更多的功能。

如果所有的企业都可以使用陈坤微信公众号这样的内嵌"微站"的形式，让用户有更加习惯和便捷的操作体验，那么不仅是对微信的用户来说有了更好的操作体验，对于第三方开发代运营商来说，也有了更为广阔的施展空间。

其次，哪怕是微信不开放权限给所有的公众服务号，仅仅是提供更加多样化的后台模板，也至少可以让明星公众号、企业服务号都可以拥有自己特色的公众号界面。微信公众号的可塑性增强了，自然就会看到更多的商机，企业和用户都会增加微信的使用频率。

最后，陈坤微信公众号的"付费会员制"不仅仅是尝个新鲜、吃个螃蟹，这个事件为明星粉丝经济领域，以及企业微信服务号的发展、开发都提供了一个新的思路。据报道称，微信方面回应表示陈坤的公众账号属于首例明星会员制，尚属于试运营阶段，还未涉及分成。可见，微信自身也在尝试着各种可能性，我们不妨抱着乐观的心态来看待。不论发展的具体形式会如何，最终受益的应该还是微信用户。企业只要抱着努力服务好用户的目的，微信里还是有很多价值有待挖掘。

 ## 第二节　杨幂摇出自己的铁杆粉丝

"有微信，才有威信！"这是腾讯娱乐"微信大明星"主页的标题口号。随着微信公众平台的风靡，也伴随着各大明星的纷纷加入，明星效应果然厉害，杨幂开通微信公众账号第一天就吸引了 16 万粉丝加关注，收到留言 20 多万条。从 2012 年 6 月 16 日开通，截至 2014 年 2 月 24 日，杨幂的公众账号粉丝数已经达到 880 多万，稳坐"微信人气排行榜"榜首。

网上流传着一个故事，说某天在一个聚会上，一位男士喝多了吹牛说杨幂是自己的女朋友。在场的所有人当然都不相信，那位男士掏出手机打开微信，说要呼叫一下杨幂，杨幂马上就能回复他。于是，所有人就围观这位男士给杨幂发微信，结果没想到，杨幂真的马上就回复了一句语音"好了好了，我收到了，还有呢？还有呢？"让当时在场的人都惊讶不已。

其实这是杨幂在公众账号里设置的自动回复，不论给她发什么，都会回复同样的这一句。杨幂和黄晓明都是最早使用微信公众账号的那一批明星。这简短的六秒钟语音在很短的时间内，就让杨幂的粉丝暴涨百万。那时候在百度贴吧、天涯论坛里经常可以见到标题是"我加杨幂好友了"、"杨幂回我微信了"等这样的帖子。

那时候，网上还能看到"我用微信摇一摇，摇到杨幂了，有认证的标志，应该是她本人吧"类似的帖子。可见大家对杨幂微信公众账号的关注度很高。

一句六秒音频已经惹得"蜜蜂"（杨幂粉丝的昵称）们开心不已了，杨幂还在微信里回复粉丝留言，为考生们加油。发"找不同"照片给粉丝玩找茬游戏，在微信里玩得不亦乐乎。

明星的公众账号是属于微信为明星量身定制的类型，与企业的公众账号差不多。虽然我们看到明星发送的消息就像是和发微博一样，但是其实是需要在电脑上才能进行公众平台后台的操作。只有绑定了手机之后，才能用手机发送消息。

而且，绑定手机之后所使用的功能也仅限于发送消息而已。由于手机毕竟承载不了那么大量的信息的接收，因此不能一一查看粉丝发来的消息，当然也就不可能进行一一回复。想要看到粉丝们发送给杨幂的消息，还是需要登录电脑上的微信公众平台进行查看。

杨幂的微信公众账号和陈坤的很不相同，陈坤的是服务号类型，杨幂的还是属于订阅号的类型。陈坤的微信公众账号取名为"陈坤的微世界"，板块丰富，还可以进行粉丝之间的交流。杨幂的则还是更像一个发布消息的窗口，比如和刘恺威的婚讯就是用微信发布的，婚戒也是用微信晒出来的，是一个向粉丝传递信息的渠道。

基于杨幂已经拥有了880多万微信粉丝这个庞大的基础，腾讯或微信有没有下一步想要合作发展的意向，目前还不明了。关于明星微信这个领域，相信腾讯应该会有新的想法和思路。

第三节　明星与粉丝的"微"距离接触

腾讯网的娱乐频道开设一个叫做"微信大明星"的板块，口号是"有微信，才有威信！"

目前已有杨幂、林志玲、潘虹、王力宏、房祖名、黄晓明、佟大为等几十位明星入驻微信，开通了明星微信公众账号。

在这些明星的微信账号中，杨幂的粉丝数，也就是订阅用户数最多。通过"微信大明星"的主页公开的"微信人气排行榜"，可以看出：截至 2014 年 3 月 4 日，杨幂的微信账号粉丝数已经突破了 882 万，是第二位的粉丝数的两倍多。

除了陈坤是个特例，使用的是微信公众服务号的类型之外，其他的明星均使用的是订阅号的类型。这样把微信公众账号和明星手机绑定之后，明星就可以随时随地通过手机来发送图片、文字或语音消息。由于微信公众订阅号的功能限制，大多数的明星现在也就是把微信账号当成和微博账号差不多的工具在使用，也就是发发近况照片、新片消息等内容。

但是其实微信的公众号可挖掘的价值远远不止单纯发个图文消息这么简单。虽然现在开通明星微信账号的人越来越多了，可是入驻微信的时间早晚并不能用来判断一个明星微信账号的价值。

况且，现在博客和微博已经逐渐地成为一种已知的、固定的模式，而微信这个平台的各种出口，以及多样的可能性现在还没有人可以为其定性。换句话说，在微信上还能玩出什么新花样，全凭各位明星或包装明星的第三方自由发挥。目前微信与明星之间如何实现共赢的方式，还处在试验和摸索的阶段。

明星与粉丝是不可分割的一个共同体，在微信上如何挖掘和实现明星的价值，必然同时就要思考如何为粉丝创造出值得关注的价值。明星和粉丝通过微信，分别都能够获得什么？

①铁杆粉丝。从商业的角度来说，也就是忠实用户。这个"忠实"是双方面的，明星们想知道自己的铁杆粉丝都是谁，铁杆粉丝们也希望自己被明星知道。正如一个商品不可能被所有的消费者喜欢，但是真心喜欢这个商品的消费者所提出来的意见和建议，往往就是商家最重视的。微信的明星公众账号其实就为明星们提供了这样一种可以找到自己铁杆粉丝的渠道。

至于如何定义"铁杆粉丝"，虽然这个有点微妙，但是至少可以从两个方面来观察，一方面是对明星是不是足够关心；另一方面是愿不愿意购买明星的正版物品。微博和微信对于粉丝来说，在"关注成本"上有差别，微博相对而言简单一些。比如一位明星在微博上有上千万的粉丝，但是微信上或许只有几十万或一两百万。但是微博上的粉丝质量和微信上的粉丝质量是不能相提并论的。也有不少业内人士曾表示过一个微信粉丝的价值可以与十个微博粉丝相当，可能还要更多。

也就是说，通过微信这个渠道，明星可以找到那些铁杆的粉丝，倾听他们的想法和建议，同时粉丝也获得了一个可以和明星更加近距离接触的渠道，把自己的想法和诉求直接传递过去。根据目前绝大多数的明星更新微信、发布消息还是与微博相似的这一点，也可以看出来这些明星公众账号还是由明星本人在操作。

铁杆粉丝们也需要一个平台和渠道来展示自己的"忠实"。比如各种颁奖礼的投票、购买正版 CD 之后晒小票、在演唱会现场拉横幅等，都是在传递喜爱之情。可以在微信上开辟一个付费的板块，比如预定正版专辑、演唱会周边商品、公益活动筹款，又或是像陈坤的那种"陈坤亲口对你道早安和晚安"的粉丝福利性质的服务等。

比如类似林志玲的每年都会进行的订购志玲姐姐慈善年历的这种活动，也可以假设微信的场景：现在有了微信支付，打通了支付渠道之后，粉丝可以通过明星微信的公众账号，直接进行预约订购。通过这种方式举行公益活动的好处主要有两点：一是除了那些"大腕"级别的明星之外，普通的明星可能很难在短时间内形成很大的影响力，想要达到活动的目的并不容易，而通过微信这个平台，由于关注自己的都是铁杆粉丝，因此在微信里的影响力就要大得多，可以说一呼百应；二是作为粉丝来说，比起通过第三方，还是直接与明星产生这种互动的关系感觉更好、更近。

②互动的价值。微信的互动不同于访谈与微博，而是一对一的、相对更加私密的互动，微信不同于其他社交平台的价值也就正在于此。粉丝渴望与明星面对面、希望和明星有更多的互动或来往，但同时距离感也是至关重要的。

因此，明星与粉丝之间的互动，需要把握一个适当的"度"。杨幂的六秒语音自动回复一度成为粉丝间的热门话题，可以在网上看到很多关于"为了听杨幂的语音信息安装了微信"的帖子。范晓萱的微信公众账号也一度成为网上的热门话题，经常可以看到有人推荐她的公众账号。范晓萱的微信公众账号可以点歌，告诉范晓萱你喜欢哪首歌，她就有可能会在微信里清唱给你听。

互动多了会掉价，没有互动又会让人感到不亲切。通过微信，既可以给所有的粉丝发送消息，也可以单独回复某一位粉丝；既可以设置自动回复，又可以一对一地进行回复，非常有利于明星与粉丝进行适当的互动活动，双方都可以获得各自想要的价值。

③全新的信息渠道。正如第一条里面所说，明星想要传达信息给粉丝时，微信的传达率是100%，也就是只要关注了明星微信公众账号的订阅用户就都可以收到明星发送的消息。明星在公众账号里发布的消息，可以通过微信的粉丝非常有效地传播出去。

第五章

著名企业家、行业专家"微信"大家庭

第一节　马化腾的"微信梦"

腾讯董事会主席兼 CEO 马化腾曾公开表示过"希望微信搭建一个平台，只制定最基本的规则，然后就会有意想不到的创新涌现"。这句话确实能够概括这几年微信的发展过程。

2011 年 1 月 21 日微信 iOS 平台 1.0 版正式上线，到 2012 年 9 月 17 日，不到两年的时间里，微信的用户数就突破了 2 亿。据媒体报道，截至 2013 年 10 月，微信的用户数已经突破了 6 亿。微信从最开始的手机通讯应用，逐步发展为用户个人的随身信息中心，随后又摇身一变，升级成了私密社交社区，而现在的微信，俨然已经有了一副移动平台"航母"的架势。

当微信刚刚流行起来的时候，相信那会儿很多人用微信是冲着"摇一摇"和"附近的人"，用户的"目的不纯"，走的是陌生人交友的路线。这时，我们还没有搞清楚马化腾到底是在画什么局。随着用户的增多，以及可以绑定 QQ、查看 QQ 离线消息、添加通讯录联系人、朋友圈等功能的推出，微信逐步走上了熟人圈社区的发展道路。但还是很多人认为"微信不就是个 QQ 的手机客户端嘛"。

而微信真正展示实力的时期现在才刚开始，2013 年末推出的微信 5.0 版本，一口气搭载了游戏中心、微信支付、表情商店、扫一扫升级等功能，以及公众账号分类、折叠，这些改版相当于对微信进行了一次大变革。从中我们也能够看出一点马化腾"微信梦"的宏伟蓝图的轮廓了。

①公众号规范整理。毕竟微信是一款基于通信的手机应用，很少有用户说我不用微信和别人联系，只是为了打游戏的。因此，尊重和保护用户的利益永远是微信最看重的。把微信公众账号分成了订阅号和服务号两大类，订阅号也折叠进了一个专用链接，减少了对用户的骚扰。乍一看是公众账号有所损失，但仔细想想，这说明

微信计划长期运行公众平台，希望公众账号能走可持续的发展道路，也为抱着"微信创业"梦想的人提供了更开放的平台开发权限。

②微信支付在为接下来的商业化发展做技术准备。有人把 2014 年称作是"移动支付元年"，而马年新年的"微信抢红包"活动，就为微信赢得了精彩的开门红。根据腾讯财付通发布的数据显示，从除夕到初一下午，参与抢微信红包的用户就超过了 500 万。而发红包和抢红包，以及抢到之后的体现是必须要用微信绑定银行卡才能实现。这意味着腾讯一夜之间激增了几百万移动支付的用户。

虽然其他平台也推出了类似等活动，但是微信具有别家无法比拟的"熟人圈"基础优势。微信走的是熟人社交网络，口碑传播的力量就要大得多了。

不过，微信抢红包的一夜爆火，也给微信团队新增了不小压力。毕竟"抢红包"这种带有浓重年味儿的活动具有转瞬即逝的时效性，我们可以期待一下，接下来微信会推出什么能够刺激用户的新玩意儿。

只要支付平台搭建好了，有了一定数量的绑定银行卡的用户，那么打车、卖书等这些都可以与微信整合，从而衍生出新的商业模式。

③该来的终究会来——游戏、表情等增值业务。当我们在用 LINE（连我）的馒头人、可妮兔、布朗熊和詹姆士的可爱聊天表情贴图的时候，就在想"微信一定也会出这种表情贴图的"；当我们在玩 Kakao 的消除游戏 Anipang 的时候，就在想"微信一定也会出这种和聊天软件绑定的游戏"。果然，该来的终于来了。

伴随微信迅猛发展脚步的还有不可避免出现的"麻烦"——微信收费风波。其实这是一场起源于通信运营商和微信之间的矛盾纠纷，原本与用户没有直接关系。可毕竟有句俗话说"羊毛出在羊身上"，用户还是会担心，如果运营商向腾讯公司收费了，那腾讯公司会不会把成本转嫁到用户头上呢？

通过微信在 5.0 版中新添了游戏、表情等增值业务，可以看出微信摸索出了一条生存之道。微信还是免费的，但是表情收费；游戏是免费玩的，道具自愿购买。很多人听到微信要收费时，说如果每月要交 10 元就怒删软件。但是仍旧有很多人愿意为表情和游戏道具买单。据消息称微信平台的"天天酷跑"月收入过亿，成为了国内第一款月收入破亿的移动平台游戏。

④"扫一扫"全面升级，打通本地化生活服务入口。条码和二维码这些基础"扫一扫"功能已经无法阻止微信开拓新市场的步伐。扫街景、扫图书封面，甚至扫单词，还有什么不能扫的吗？

尽管暂时或许还没有那么多的用户深度使用"扫一扫"，但是这些功能的上线已经为微信平台的商业活动打开了新通道，突破了最初简单的通讯、社交，即将迈出商业化的步伐。

马化腾表示"最近在手机上有一些好的应用，打车、微信卖书、网络小说、自媒体等，微信成为从平台连接内容制造者和终端用户的桥梁，这些都是微信之前没有想到过的商业模式，是由用户自己创造出来的。因此，微信的商业模式会交给合作伙伴和个人"。

有人推测微信公众平台或将取代 APP，也有人说微信并没有创新，只是相当于在一个繁华路口开了一个购物广场，各品牌和各大商家只是入驻。周围有些 QQ 的轻度使用用户，已经卸掉了手机 QQ，因为他们认为只要有微信就足够了，反正微信可以收发 QQ 消息。因此还有人说微信在各方面都是"要逼死亲哥 QQ"的架势。

回到开头提到的数字——微信用户数突破 6 亿，并且增长趋势迅猛。而中国移动的用户是 7.5 亿，增长趋势不佳。同时我们别忘了，虽然三大运营商之间不能携号转网，但至少可以互发短信、互打电话。可是微信与同类的通信应用之间是完全无法相通的，所以就像当年的微博用户争夺大战一样，总会有一家胜出。因为就算再不喜欢微信，但我的熟人都在用，所以我只能用它了。这场移动通信应用的最终赢家，我们已经能够预见了。

马化腾的"微信梦"到底有多大，有多美好，现在谁都无法准确预测，恐怕连他自己心里也没有一个清晰的景象。但正如他自己所说，微信只是搭建一个平台，制定最基本的规则，自然就会有意想不到的创新涌现。成就微信未来的，不仅是微信这个应用的建设开发团队，更多还要看众多的创业者在微信这个平台上发挥出什么样的可能性。

 第二节　"微信之父"张小龙

2010 年 10 月，一款基于手机通讯录可以实现免费短信聊天的手机应用 Kik，因上线仅 15 天就获得了百万用户而引发了业界的广泛关注。在注意到它的众多业内人士中，就有腾讯广州研发部的总经理，也就是被称为"微信之父"的张小龙 Allen。

互联网世界的故事就是这么有戏剧性，某天晚上，张小龙在思考 Kik 类的应用时，萌生了一个想法——在移动互联网的领域里，将会出现一种新形式的通讯工具，而这种新工具将很可能会对 QQ 形成威胁。他希望腾讯能够做出这个东西来，于是就给腾讯 CEO 马化腾发了一封邮件。马化腾很快便回复邮件表示对这个想法和建议的认同。

张小龙是国内知名电子邮件客户端 Foxmail 的创始人。2005 年 3 月，腾讯收购 Foxmail，张小龙携研发团队随之进入了腾讯。同年 4 月，腾讯广州研究院成立，张小龙既是腾讯广州研究院的总经理，也是微信产品团队的第一负责人。

2010 年 11 月 19 日，张小龙在微博上写下了这么一句话"我对 iPhone5 的唯一期待是，像 iPad（3G）一样，不支持电话功能。这样，我少了电话费，但你可以用 Kik 跟我短信，用 google voice 跟我通话，用 facetime 跟我视频"。

2010 年 11 月 20 日，微信项目正式立项。

1.语音对讲功能让微信存活了下来。

对于绝大多数的微信用户来说，都没有经历过微信 1.0 版本的时期，有相当一部分用户听说微信，就是从"可以语音对讲"开始的。微信 2.0 版本加入语音功能，最初也是一种尝试，并且微信并不是国内第一款拥有对讲功能的手机应用。甚至，直到现在，微信也一直没有依靠 QQ 来进行大范围的推广。最初也仅是在 QQ 邮箱的主页上进行"默默无闻"的宣传。

相信很多人那时候装微信，只是为了单纯地"体验一下语音对讲是什么感觉"。而微信团队也确实表示过"（当时）其实语音在最终的消息数量中占的并不是很大"，"就算是为了语音才尝试（微信），只要尝试后形成关系链，就会使用下去了"。

2."摇一摇"和"查看附近的人"成为微信用户激增的爆点。

微信 2.5 版本中加入了"查看附近的人"的功能，用户可以查看到附近使用微信用户的昵称、头像、距离、个性签名等信息。这个功能的推出，让微信迎来第一次用户数急速增长的爆发点。微信 3.0 版本又趁势加入了"摇一摇"和"漂流瓶"。这几个功能均支持微信用户找到陌生人进行交流,微信的"陌生人交友"步伐又迈出了一大步。

说到"摇一摇"的创意过程，张小龙回忆当时和团队成员正苦于下一个版本不知道做什么的时候，谈到摇手机找人的功能。如果仅限于认识的人之间摇，就太小众了。那么干脆就不要停留在熟人圈里，让陌生人之间都能摇到，这样就能让每个人都用到了。

不仅可以摇到相距十万八千里的人，如果同在一个聚会的人同时摇，还可以自动全部添加好友。"摇一摇"一出现就成为了很多微信用户喜爱的功能之一。据说现在"摇一摇"的日启动量已经破亿次。

3.扫一扫二维码，微信又领先一步。

微信 3.5 版本，最大的升级就是加入了扫描二维码的功能。QQ

在国内刚开始流行的时候，"高端人士"大多还在用 MSN 进行商务沟通。那时候交换名片，如果问对方"请问您 QQ 是多少，我加一下"，还会被"鄙视"。然而微信二维码的推出，使得在名片上印上自己的二维码变成了一件时髦的事。

当时还没有人预计到二维码在 2012 年和 2013 年成为了移动互联网的一个热点，这个打通了线上线下入口的功能，不得不说张小龙太有先见之明。

与之同时，微信还推出了微信的英文版"WeChat"。用媒体报道中的话说，通过微信把生意做到了国外，还节省了国际长途的费用。不仅在东南亚各国爬上 APP 榜首，还支持 100 多个国家的短信注册，微信走上了国际化、高端化的道路。

4. 朋友圈的华丽转身，再次甩开对手。

比微信早或差不多同期上线的同类手机应用，一直都在努力挣扎，紧咬不放。2012 年，微博大规模的兴起，一种"微博式"的社交方式席卷中华大地。而微信却在这个时候，来了一个华丽的转身——微信 4.0 版推出了"朋友圈"功能。同样都是发状态、发照片、发评论，微博是一个开放的空间，我说的话所有的人都能看到，但是朋友圈制造的是一个关系链极短的私密社区。你发在朋友圈的内容只有自己和你的好友看到，你的好友给你的评论留言，只有你和他以及你们共同的好友才能看到。微信再度掀起了"熟人圈"的社交热潮。

微博是可以单向关注的，甚至还有让大家反感的"偷偷关注"。但是微信必须要互相加好友之后才能进行交流，而朋友圈的内容，就算都是好友，我也可以选择给谁看，不给谁看。从朋友圈开始，微信作为通讯工具的身份就发生了变化,转而走向了社区平台的方向。

当同行还在以为微信就是个 QQ 客户端的时候，微信已经开始了重大的改革。

5.视频通话、解绑 QQ 号——微信已自成一家。

在微信 2.0 版本时期，有很多人用微信是因为可以接收 QQ 离线消息，导入 QQ 好友也很方便。微信 4.2 版本推出视频通话功能、微信网页版，这两个看似不起眼的功能，却已经触及到了 QQ 的直接利益。微信 4.3 版，默默地加入了可以解绑 QQ 账号和手机号码的功能，于是微信账号就和手机号码、QQ 号码等一样，成为了一个新的身份标识。从此刻开始,张小龙的微信在腾讯内部已自成一家。

6.公众平台——迸发新型创业项目。

再小的个体，也有自己的品牌。公众平台让更多的人参与到微信的发展中来，也让人们看到关于微信的更多的可能性。2013 年 11 月的"微信·公众"合作伙伴沟通会上，微信产品部副总经理张颖表示"每一个公众号都是一个 APP"。

微信在会上提出的"平台化、自助化"的理念，向创业者、企业表明了微信开放的体系框架。微信免费开放客服、地理位置等九大接口，这些都为企业和创业者提供了能够开发出更优功能的服务和支持。

7.微信支付——微信之父的预言成为现实。

"微信是一个生活方式。"张小龙的这句话，在微信 5.0 版本推出支付功能后，终于真正地变成现实。与人沟通、订阅资讯、订餐订房、出门打车、旅游、管理日程、手机充值、电影票、彩票、商品优惠券、会员卡、照片打印、自动贩卖机、售后服务，甚至发红包、抢红包都用微信。

相信有一部分人在体验过众多功能之后，已经把订电影票的APP、订酒店的 APP、打车的 APP、订餐的 APP、团购 APP、新闻资讯 APP,甚至腾讯微博、QQ 空间，乃至手机 QQ 都从手机里卸载了。

或许很多人还没有意识到，以为微信的 6 亿用户都是年轻人吗？一项语音对讲和视频通话功能，已经让不少年轻人为父母、七大姑八大姨都装上了微信。其中一部分中老年人从来没有用过 QQ，压根不知道腾讯是什么，但是每天都用微信互相联系。

应了张小龙那句话，"微信已经悄悄地变成了一种生活方式"。

 第三节　戴志康和"微信""二维码"运营

戴志康，现任腾讯电商控股公司生活电商部总经理，曾在访谈中谈及移动互联网的产品形式时，表示过"我认为二维码是一个最主要的出口，甚至比 URL 比搜索框更重要"。

微信的价值被深度挖掘的同时，大家也都在思考两个问题。第一，移动互联网到底怎么赚钱？第二，赚钱会以一种什么样的产品形式？

戴志康在描述自己对微信商业化拓展的创想时，讲到了本节开头的那句话，明示大家二维码肯定是一个标准的入口，还谈到了手机平台上商业化的特殊性。关于 O2O 模式，现在还没有更多经验可以借鉴，腾讯不会花费巨大的人力财力去全面地铺线下的商家，因此短期可以预见的应该是服务于一些拥有品牌的大商家，并且还是会以生活服务为主。

») 1. 移动互联网赚钱的产品形式之一是二维码。

互联网的商家们在关注什么？他们关注客流量和客户的消费单价，看重的是"过程值"。也就是说新用户有多少，回头客有多少。这些或许不会在销售额上直接反映出来，但是却会直接影响销售额。可是，对于必须要客户亲身前往店里才能消费的服务行业来说，这些商家更多的是看重"结果值"，也就是说在进行宣传、推广、促销等一系列的活动之后，产生了什么样的结果。

戴志康从中得到了启发，也就是长久以来对过程的数据关注，转移到对服务业商家的日常运营当中去。在了解商家想法的过程中，发现了问题的关键所在，那就是服务业的商家们并不是不看重"过程值"，而是不知道该如何去关注。于是，戴志康开创了一种新的业务模式，用他的话说是由一些新技术所引发出来的一种新模式，可以让曾经的"不可能"变成"可能"的革命性技术。这项技术当中包含了两个最为重要的因素。

其一就是二维码。"微信之父"张小龙也说过"PC 互联网的入口是搜索框，移动互联网的入口是二维码"。现在我们去餐厅、电影院、美容美发店等都可以看到店里面张贴着二维码，"扫一扫"就能知道这个商家的信息。其二是账号体系。比如我们的居民身份证，就是一种账号体系，还有手机号码也是一种账号体系。不过，在一般情况下，人们都不太愿意使用身份证号码或手机号码，因为害怕被不法之徒擅自利用，也担心手机骚扰、诈骗等问题。拥有 6 亿用户的微信，也逐渐构筑起了独立的账号体系。

由此可以看出，除了管理居民身份证的机构和移动运营商之外，腾讯就是中国最大的账号体系，很多人或许十年内换过几次手机号码，但并不一定换过 QQ 号码吧。而现在微信不但想要打造中国最大的账号体系，而且这架势是想要打造中国最好的账号体系。

于是，当把这两个重要因素连接起来的时候，也就是用户"扫一扫"的一个动作，服务业的商家和用户之间的联系就建立起来了。

》 2."关系链"所产生的价值。

戴志康提出了一个关于消费选择和决策时的"关系链"问题，很有意思。当我们想买一件商品时，比如汽车，有一部分人会先到网上用搜索引擎进行汽车搜索，不过这样搜的话，范围就太大了。可能关键词会有很多，价位、油耗、性能等，需要参考的要素太多了。在网上东看西看了很久，也不见得就决定了要买哪种，到了4S店，或许最后买回家的和刚开始在网上看了半天的型号相差甚远。因此，查不查的意义就没那么大了。

同样也是想买车，还有一部分人是先看朋友们开的是什么车，其中也有自己感觉不错的，那么很可能就会去买一辆差不多的或相似的汽车。这两种消费选择和决策的方式，在我们的生活中随时随地都在发生。尤其是后者，就是消费决策的"关系链"。

比如说，我们想出去吃饭，这时面临两个选择，一个是用手机应用搜到的附近餐馆推荐，还有一个选择是朋友推荐附近哪家哪家店好吃。如果是你，你会决定去哪里吃？相信绝大多数的人都会相信朋友推荐的餐馆，因为自己信任的朋友去吃过，并推荐给了我。这种以"信任"为基础的推荐，就是最强推荐。然后我去吃了，确实好吃，那么下次我就很有可能会再推荐给另外的朋友。这就是"信任关系"所产生出来的高质量的消费选择以及决策的"关系链"。

而对于微信来说，对于腾讯想要实现的移动互联网的赚钱模式的闭环来说，"关系链"是非常重要的一个环节。

⑧ 3. 微信会员卡包——电子化会员卡。

目前看来，二维码确实是建立线下商家与用户之间联系的一种最便捷、最稳定、最简单、成本也最低的入口。首先，因为二维码对于线下商家来说是唯一的，对于消费者或用户来说微信的身份标识也是唯一的。唯一对应唯一的情况下，用户得到了一张商家的会员卡，这个会员卡与传统的卡片不同，它是虚拟的，不用放在包里、口袋里，但是它的价值却更大。

我们都收到过超市派发的打折活动宣传单页，有时候还像报纸一样有好几版，很大一张还折了几次。上面登载的商品打折信息大多都是比如白菜促销，便宜了五毛钱等，其实从印刷和派发宣传单页的成本和到店率千分之四的比例看起来，对于超市来说效果很差。而且更多的时候，我们想买东西的时候没有收到宣传单，收到宣传单的时候又正好不是要去买东西的时机。

那么，微信会员卡就可以提供更为高效和优质的打折促销方式。通过微信，不仅可以发文字、图片、视频等多种形式的宣传内容，而且相对于纸质的宣传单页来说，微信会员卡就在手机里，随时随地可以拿出来查看。

在餐馆、咖啡厅这类的餐饮业领域，以及美容美发、汽车保养这类的服务业领域，也是一样。设想一下，我们平时经常会去的各种各样的店少则十几家，多则几十家，每家都想要我们办理会员卡，而因为办了卡确实会优惠一些，所以消费者卡包里的卡往往都是满满当当的，女士随身背个包还可以放到包里，很多男士觉得会员卡携带麻烦很多时候就不办了。于是，一个高效率的电子化会员卡解决方案，是商家和用户都迫切需要的。

电子化会员卡不仅可以为商家提供一些他们想要的用户使用数据，而且对于会员用户来说，还可以随时查看自己有多少积分、现在是什么会员等级、下次到店可以享受到哪些优惠等。并且这一系列查询动作，不用打电话给商家，不用打开电脑，不用登录商家主页，在微信里就可以完成。

 第四节　周鸿祎：摸着石头过河，要
"先做了再说"

现任奇虎360公司董事长的周鸿祎，曾表示从移动互联网领域的行业趋势来看，自己还只是一个初级阶段的玩家，奇虎360还在摸着石头过河，不管是什么样的APP，总之采取的是"先做了再说"

的策略。而在谈及关于微信的话题时，表示"50 个的 360 产品都比不上微信"。对于微信，他到底是如何看待的呢？

》1. 微信是个很好的颠覆机会。

用过彩信功能的人应该都有同感——非常不好用，而且贵。微信传照片很方便，而且操作简单，用户体验非常棒。然而，想要把已经颠覆了运营商的微信再颠覆，目前没有这样的机会，况且微信还有很大的成长空间。

发展到了今天，移动互联网的通信领域大格局已经形成。在这样的背景下，想要再出现像百度、腾讯、阿里巴巴这样的大巨头，恐怕机会难得了。因此，奇虎 360 只能去寻找还没有被人意识到的领域，在大家都忙着抢夺眼前所见的领域时，或许还能在别处出现一些具有颠覆性的机会。

》2. 微信为用户创造了价值。

微信为用户创造了价值，这就是微信能够颠覆运营商的最大力量和切入点。周鸿祎也表示微信带来的体验确实超乎了预期。

用户体验是 APP 能否存活的最关键要素。通过 2013 年闹得沸沸扬扬的"微信收费风波"，可以看出，运营商之所以"拿微信没办法"，就正是因为微信的用户数量已经很庞大了。如果运营商不惜牺牲掉用户体验来打压微信，就是破坏了运营商和用户之间的关系，用户会很生气，后果会很严重。

周鸿祎提出的运营商生存思路是，应该主动把短信费免掉，这样做或许还有人愿意用短信，毕竟各个通信运营商之间虽然不能携号转网，但至少可以互发短信。但是微信与其他通讯 APP 之间就不可能相通。运营商的短信免费了，说不定还有人愿意用用短信。

那么，在这样的背景下，对于创业者来说，现在的思路是什么？

关于这个问题，周鸿祎也有自己的见解。他认为，众所周知，手机的最基本需求是通讯，既然微信很有可能拿到这个需求，甚至能够取代掉未来的运营商，那么其他的公司想要在通讯需求这个领域里有所作为，就不得不考虑这个非常有可能发生的前提——通讯需求被腾讯拿下，运营商沦为了单纯管道的情况。

对于大多数想在移动互联网创业的创业者来说，有两条思路：第一，挑战微信，但前文也说了，这个机会目前还没有出现；第二，就做小公司，做独特的游戏、独特的内容，然后就像放到苹果应用商店、放到谷歌市场里一样，去放到"微信应用市场"里。

周鸿祎曾在演讲中拿腾讯举例子，来讲现在做无线 APP 开发怎么样才叫成功。他说大家可以说出很多可以成功的方法，于是来讲一点"怎么做会不成功"的方法。有一些做 PC 互联网做得很不得了的公司，他们要做无线 APP 产品，就只是简单地把 PC 端的成熟产品，直接做一个"迁移"动作，搬到手机系统平台上。

很多人和很多 PC 互联网公司也都觉得这种想法和做法很正常，周鸿祎表示刚开始的时候，自己也是这样的思路。原来是做杂志的，就在手机上做个电子版杂志，做手机 APP 应用推荐的就在手机上做一个一样的应用推荐 APP。可是，电脑屏幕和手机屏幕有着很大的差别，系统的使用习惯、鼠标和触摸在用户体感方面也都大不相同。如果一个应用，只是把 PC 互联网装了一个手机的外壳，里面没有差别，那就会不成功。

比如说同是一个公司的产品，手机 QQ 和微信，大家觉得哪个产品是真正的移动互联网产品呢？为什么大家都认为答案是微信？稍微留意一下身边的人，会发现大家在手机里装 QQ，并不是手机 QQ 这个产品的移动体验好，而是因为我在电脑上也用 QQ 而已。手机 QQ 这么多年来，只是单纯把电脑上的 QQ 功能一个一个地"迁移"到手机上，用户是把手机当电脑用，才用下来的。而微信却充分地利用了"手机"这个独特的载体和平台。

手机可以随身携带,手机有"位置",所以可以"摇一摇",也可以"查看附近的人"。因为微信是定位于一个"手机应用",它没有可以用来"迁移"的 PC 端,所以微信是一个成功的移动互联网产品。

周鸿祎总结无线 APP"怎样做会不成功"时,表示很多在 PC 互联网公司做了十多年的人都有太多的固定思维,这些惯性思维造成了太多的固定依赖,从而使得在开发移动互联网产品的时候,会不自觉地就把 PC 互联网上的原来的那些结构和思维方式都硬插进来。这是一种错误的思路。只有忘掉这种已经成为习惯的错误思维,才有可能做成功移动互联网的产品。

 第五节　李开复:如果发生这种情况,
我的钱会在微信上

李开复对于现在移动互联网领域聚焦的 O2O 商业模式,曾表示"O2O 未来会改变中国,线上、线下一旦连起来,这是巨大的爆发式的力量"。而现在最被业界看好的 O2O 商业模式就在微信上。

李开复在知乎回答"如何向外国人介绍微信的创新之处"这个问题时,在最后一句写道"如果发生这种情况,我会把钱押在微信上"。那"这种情况",到底是说的什么情况呢?分析李开复的这篇短文,就能看到李开复对于微信的肯定,以及对于微信未来的期待。

在不到两年的时间里,腾讯的微信用户就已经突破两亿。这不仅仅让微信成为了互联网络历史上增长最快速的新应用,而且还让腾讯的地位达到了令人羡慕的位置。

对于移动互联网的商业模式来说,基础的用户数量就决定了实力。现在微信的用户数已经突破了 6 亿,这意味着微信在移动互联网络里的优势已经非常明显,而腾讯也已不仅仅是令人羡慕,而是到了威胁众多同类、甚至不同类的移动互联网行业的生命线。

"张小龙（Allen Zhang），这位低调的中国互联网老兵就是微信的开发者、创造者。张小龙于 1996 年独立地开发出了电子邮件客户端 Foxmail。由此，张小龙又相继研发出了许多产品，并随之从一个超级开发者，变身成为了一个超级产品经理。而现在，他被誉为中国最优秀的产品经理和创新者之一。其程度与 Jack Dorsey（Twitter创始人）和 Marissa Mayer（原谷歌高管，雅虎新任 CEO）在美国的地位相似。"

由此可以看出，李开复对张小龙个人的能力是极为认可的。同时我们从他用 Jack Dorsey 和 Marissa Mayer 来打比方，也能够看出李开复对于微信现在业绩的称赞，以及对微信未来的一种期待，或者说"预言"。从张小龙身份的转变，也能依稀看到微信这款手机应用软件的华丽转身，从一个超级通讯工具，变成了一个超级移动互联网平台。

"张小龙对于产品的核心哲学是使用极致的简洁和娱乐性来吸引用户。张小龙说，'互联网的产品需要从满足用户需要的这个层面超越过去，去满足用户的欲望'。他还说，'当产品的形式拥有足够的娱乐性的时候，那么这个形式就会比功能更好'。所以，虽然微信和同类型的通讯类产品，比如 Whatsapp 和 Kik 等有一些相似的地方，但是微信却有一些极为简洁并且极富有娱乐性的功能。比如按住即可进行语音对讲、摇一摇找朋友、漂流瓶和微信群组聊天等。正是这些极为简单、操作方便，同时又十分有意思的特性，使得微信的用户数量以让人难以置信的速度暴增。而且，现在已然成为了中国移动互联网上实质性的社交图谱。"

李开复看到的是微信发展到今天如此强大、能够如此成功的本质。那就是张小龙的"极简"和"好玩"的产品哲学。比如"摇一摇"时发出的声音，是来福枪发出的声音，当摇到人的时候，接着又会发出一个很悦耳的提示音，画面会像闸门一样张开再闭合，张开时能看到背景画面。"摇一摇"就是一个娱乐性优于功能的成功例子，摇一摇这个动作本身就让人上瘾。

而漂流瓶则是释放人的倾诉本能，不管是谁，能听到我的话就好，不管倾听的对象是谁，我只是想倾诉。微信很好地把这些利用起来。不仅该有的通讯功能做得很便捷，具有很强娱乐性的功能也做得很有趣。像"摇一摇"和"漂流瓶"这样的功能，再往下开发或想要添彩升级，都是没有什么机会了。正如张小龙本人所说，不会再有比"摇一摇"更好的"摇一摇"了，因为微信的"摇一摇"已经做到极简。李开复总结微信在短时间内用户数暴增的原因很透彻，就是这些极为简单的、同时又十分有趣的独特性。

"该说微信是一种创新吗？其实很难说微信的每个功能都是创新而来的。可是，当把这些功能全都整合到了一起的时候，微信确实给我们带来了一种新的体验、一种奇特的感觉。我在公司里，经常看到大家把手机靠近嘴部，而不是像传统打电话那样贴着耳朵。"

张小龙曾说电话发明的一百多年以来，一直在骚扰着我们。然而微信却为用户们创造出了一种新的通讯方式，视频通话不会马上呼出，而是要先问对方方便现在进行视频吗。语音对讲不仅方便了我们的生活，而且我们从微信里还可以感受到一种对用户、对使用者的尊重。或许这又是微信的一个"创新"之处，用微信进行通讯方便、快捷、被尊重，人们只要用过、感受过，就会有种与众不同的体验。

"张小龙也是轻创业公司的亲身践行者。他已经做过了很多创新的实验：微信能否成为一个开放的平台呢？微信是否可以实现O2O，与线下的商家进行连接？微信能否成为第一个威胁到国外地区的中国产品？张小龙的这些创新实验结果，都已经显现出了非常好的势头。越来越多的移动互联网络开发者都开始使用微信这个平台，同时越来越多的线下商家以及餐馆行业也都和微信进行了对接。在埃及、阿联酋、越南等国家和地区，微信也已跃居榜首。"

李开复已经清晰地看到了微信对于O2O商业模式的美好前景，

只要能够实现良好的线上与线下的连接，那么微信的威力又将提升几倍甚至几十倍。李开复所提出的"能否成为第一个冲出国门，冲击国外产品"的问题，其实很让人激动，也很让人期待。不过李开复提出的这些问题，在他自己心里也早已有了明确的答案，回答都是肯定的。

"有一位业务已经实现了国际化的创业者跟我说，或许美国的Whatsapp、日本的 LINE ，以及中国的微信，这三个手机应用将会在互联网上引发一场全球化的战争。如果真的发生了这种情况，我会把钱押给微信。"

李开复在这篇短文的最后，写下了这样的一句总结，乍一看起来有点夸张，但是谁又能肯定地说这样的情况不会发生呢。

第六章

其他名人玩其他，汇聚最强影响力

第一节　微信筹学费，名人老总们的
　　　　　　　　"互联网思维"

2014 年 1 月 19 日，黄太吉的创始人郝畅在微信的朋友圈发了一篇文章，题目叫《就用互联网思维大闹中欧》，目的是为了自己上中欧创业营募集 11.8 万元的学费。随后我们不断看到 91 助手的开发者熊俊、90 后马佳佳、微窝创始人钱科铭、有米传媒的陈第、雕爷牛腩的孟醒，还有易淘食的张洋等这些目前中国国内非常优秀的创业者们，相继通过微博或微信发表各种各样的筹款文章和方案，同样也是为了自己上中欧创业营募集学费。

他们发布的众筹方案在短时间内被大量地转发和评论，当然也有很多人参与进来。其中有米传媒的陈第在三个小时之内就成功筹集到了学费 11.8 万元。于是瞬间议论纷纷，这些人在干什么？他们交不起这笔学费吗？恰恰相反，他们全都是创业领域的红人、牛人，不差钱。那到底为什么要这么做呢？引发了大家对这些名人老总的关注，同时也对中欧创业营产生了浓厚的兴趣。

中欧创业营是中欧国际工商学院创业与投资中心于 2012 年推出的针对中国最具潜力的创始人 CEO 的创业系列课程。而这次在互联网络的创业圈引发了"震动"的各大老总微信筹学费事件，原来是中欧创始人，现出任中欧创业与投资中心执行主任的李善友教授（酷 6 网创始人）给中欧创业营第三期的新学员们布置的第一个实践任务——众筹学费。

因为这个考验"互联网思维"的任务，才出现了这些创业圈的名人老总们在微信上那些富有个性的众筹方案。于是，"众筹在中国"、"微信众筹"、"微信创新型创业"等话题也被人们提了出来。

》 1. 话题一：众筹潮流来了。

"众筹"这个概念和模式来自西方，指的是通过向大众展示自己的创意，从而获得大众筹款或资金援助的一种筹集资金的形式。虽然在国外已经是一种比较成熟的筹资模式，这一两年国内也兴起一点关于众筹的讨论，但是对于大多数人来说，还是比较陌生的。中欧创业营新学员的这次微信众筹则掀起了网络上的众筹概念普及以及讨论的热潮。

在国外，通过众筹网站来募集创业启动资金是一件普通的事，对于投资方来说也是一件具有比传统风险投资效率更高的方式。然而在中国，在创业初期，资金紧张的时候，往往第一想到的是找亲密的朋友、家人，又或是找银行等。通过这些方式筹来的资金也非常有限，并且弄不好就朋友也没得做，家人也闹翻了。

中欧创业营的这批新学员所掀起的这次众筹案例，为普通大众上了一堂关于"众筹"的普及课。那么，我们抱着乐观的眼光来看待的话，只要这种形式被更多的人接受了、认可了，就必定会流行起来。一种新的创业资金筹集方式的流行，也就意味着新的投资方式应运而生。与之而来的，就是对长久以来传统的创业模式和资本市场所带来的冲击。

》 2. 话题二：众筹的最佳平台在微信。

"关系链"是戴志康提过几次的概念。同样是社交网络，相较于其他同类平台而言，在微信上，人与人之间的关系链更为紧密。首先，微信的圈子相对私密，相对私密就意味着关系紧密，这是微信做到了其他平台都没有做到的一点。而这个对你"朋友圈"的准确把握，也是微信最适合做众筹的核心竞争力。

这次中欧创业营学员中的微窝创始人钱科铭，在微信上的"卖未来"方案大获成功。钱科铭的众筹方案设置了10元、100元、199元、666元、2000元、5000元不等的多档次"套餐"，并且为各个档次精心设计了相应的回报。其中最高档次的回报内容是"共享学年内的中欧课程笔记、组织定期饭局交流等"。其中有条有别于其他学员的创新内容是"项目围观座位"，也就是购买了最高档次的支持者可以成为下一个项目的投资人，并且可以有限度地参与到项目的交流，围观进度和发展情况。通过钱科铭用这个众筹方案仅一天就筹集了足够的学费的结果，可以看出"互联网思维"的威力，远比我们想象中的要大得多。

其实在这次微信众筹的事件之前，国内已经有了几个众筹平台网站。不过这些网站在信息处理、展示、产品规划、发布内容的真实性方面难以追踪，以及在监管方面还很不完善等，因此还远远不能成气候，发展速度也十分缓慢。

而关于众筹的支持者，也就是投资者来说，最关心的是行业信息是否感兴趣、项目的真实性，以及对项目进度的可视度等。微信所打造出来的私密社交圈子，就正好符合这个环境需求。在朋友圈里找志同道合的人很容易，同时相互信任的程度也很好，还可以方便地跟踪投资项目的进度。

项目有了，环境有了，投资者也具备了，接下来就是支付问题了。微信支付"我的银行卡"全面上线之后，人们通过"抢红包"和"AA收款"已经体验并熟悉了微信支付的便捷优势。那么，支付也完全不成问题了。

》 3.话题三：移动互联网创业的时机。

移动互联网创业者占了这次中欧创业营第三期学员的一大部分。在这短短的两三年里，移动互联网创业的这个词已经被炒得不能再热了，也确确实实成就了许许多多的80后、90后的年轻创业领袖。因此，也有更多的局外人跃跃欲试。同时，也在思考，现在进入移动互联网领域创业，算不算太晚？

　　其实看一下已经成名了的这些创业牛人，并不是每个人都是在创业初期就引爆行业热潮。事实上，在移动互联网创业，意想不到的困难会重重袭来。首先，既然是创新的领域，那么就很有可能得不到市场的理解，由于前无古人，所以资源难找，在专业知识和人才储备方面也是问题重重。如果只是在外围围观，是看不到也体会不到这些实际情况的。

　　可是有意思的是，不论去问哪一位移动互联网的创业牛人，现在进入算不算太晚？他们都会给出相似的答案"现在的移动互联网络，还仍然处于很初期的发展阶段"。事实上，我们确实也能看到有的人花一个星期写着玩玩的 APP，始料未及地迅速登上了 APP 榜首；也有做大分支下面的小分支的小领域的创业者，熬过初期最艰难的时期后，突然在一两年的时间内成为国内最知名的那个品牌。

　　总而言之，从这次中欧创业营学员们引发的微信众筹事件中，可以感受到"互联网思维"其实还处在一个起步阶段，任何人都还有机会，同时也感受到了"互联网思维"的威力确实非常巨大。

第二节　创业牛人是如何打造名气的

　　微信其实还在一个探索和发展的过程当中，上升空间和拓展空间都是巨大的，至少从目前看来还看不到这个空间的边界线。2013年，移动互联网的新闻里，频频传出某某创业牛人利用朋友圈，月收入上万元，某某创业牛人利用微信公众平台在半年内赚得几十万等消息。下面就来看看这些草根创业牛人是如何打造名气的。

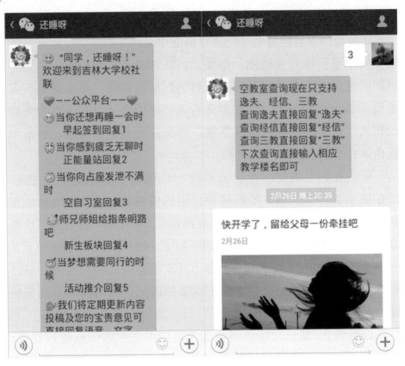

1. 用微信叫醒梦想。

大学里有很多新奇的创意，这些创意源自生活，来自大学生们的真实需求。吉林大学的三位大学生，独立研发的"还睡呀"微信公众平台，"让你的中国梦从每天早起一分钟开始"，是国内首个致力于"早起"事业的励志正能量传播平台。

添加了"还睡呀"公众账号之后，在早上6点到7点半之间，发送数字"1"，就会收到回复告诉"你是吉大今天第XXX个起床的人"。早上醒来，发个起床的签到，就可以立刻知道自己是全校第几个起床的人。

不仅是早起签到，公众平台里还有回复"3"就能查询现在的空自习室情况，回复"4"可以查看新生板块，回复"5"可以查看活动推荐板块。口号是"温水让你忘记前行，冷水帮你铭记梦想"。

其实这些功能整合在一起已经算是一个轻量级的 APP 了，据说公众平台上线 24 个小时，就有 2000 多名学生关注。如果他们当时做的是一个需要安装的 APP，而不是微信公众平台的话，一定不会有这么多的人使用。这就是借用微信的公众平台，实现短期内大范围推广的成功案例。

» 2.微信接单送餐 CBD。

在上海，有一群老阿姨利用微信在线上接单，然后每天中午骑着车穿梭于上海市区核心 CBD 的写字楼之中，忙得不亦乐乎。这是在干什么呢？这就是在网络上被广为转载的"送餐骑兵"，每天为白领们送上个性化定制的私房菜。

阿姨私房菜已经成为了周围中央商务区的一个传奇，在白领圈里也已经久负盛名。其实阿姨私房菜的订餐方式非常简单，就是通过微信等线上的渠道接单，可以接受私人定制，到了第二天就送到写字楼楼下，用微信喊白领们下来取饭，完成线下交易。在这种中央商业区附近，往往一到了吃饭的时间，各个餐厅就会人满为患。白领们说，中午休息一共才一到两个小时，有时候到餐厅吃饭，排队就要花去半个多小时。

因此，阿姨的私房菜就成了热门的选择，而且会自然地进行口碑传播，一个人觉得好吃、方便，就会推荐给同事朋友，一个大办公室的人一起订饭，阿姨只要用微信通知一个人就可以了，十分便捷。这片区域的白领，工作就算时有变动，但还是会把口碑和生意传播过去。

阿姨做菜的流程也不复杂，前一天接单，第二天早上去市场根据订单和客户需求进行采购，然后当天做、当天卖，钱也是现收。

通过微信接单，店铺开得再偏也不怕了。众所周知，一般街边旺铺的铺面租金可能是这条街后面那条小巷门面的两倍，甚至几倍。

可是做餐饮的,铺面位置就决定了客流量,客流量就决定了营业收入。但是,利用微信的O2O线上对线下的商业模式,就完全可以省下这笔负担很重的旺铺租金了。

比如一家开在偏僻角落的烧烤店,店主是个年轻的80后小伙子,通过利用微信的O2O商业模式,已经创下了年收入近300万元的记录。这样的业绩令开在繁华地段的同行感到不可思议。

》 3.微信水果店,月入4万元。

在石家庄的某个大学里,有一家人人皆知的"微信水果店",店主是该校的一名大学生。店主的创业灵感是源于为女朋友送早餐的经历,然后突发奇想有了微信创业的念头和想法。他想,女学生基本上每天都要吃水果,微信卖水果肯定有市场。

在刚开始的时候,生意做不起来,有时候一整天才一单生意。这时候他开始思考微信创业可以利用微信的哪些资源,于是终于想到了微信是一个社交网络平台,资源就是好友的数量。接下来,他就通过挨个寝室去发宣传单、广告画册,在食堂、教学楼里及、课间十分钟时等把握一切机会宣传推广他的微信水果店。三个月之后,微信水果店已经有了将近5000名粉丝。

同时利用微信公众平台的可塑性,还开辟了天气预报、失物招领等信息的推送,加深了与粉丝之间的来往程度。现在,微信水果店已经实现了月入4万元的业绩。

》 4.微信卖枸杞,双十一卖出3万多元。

湖南的一个小伙子,原本在网上开了一家家居用品的淘宝店,生意一般般。但是在11月的时候,他通过微信朋友圈,开始卖野生黑枸杞,竟然做到一天的销售额3万多元。据他本人介绍,他是在2012年到青海旅游时,偶然接触到黑枸杞的,当时也没想到要做这个生意。直到 2013 年，淘宝店生意越来越不好做了，同时又看到通过微信朋友圈做生意的方式越来越火，于是就想要尝试一下。

正好看到了他当时从青海带回来的野生黑枸杞，就想试试这一款产品。和青海那边打通好进货渠道、建立合作之后，又上网恶补了很多关于黑枸杞的知识，就这样开始了微信朋友圈的生意。

一天晚饭后，他在朋友圈发了第一条信息，朋友们看到了之后都感到很新奇，也非常感兴趣，没想到第二天就卖了 15000 元。这个数字让他本人也感到十分惊讶。通过在朋友圈卖黑枸杞，让他发现了现在真的很多人，不论年龄，都十分看重自己的健康，再加上买他的黑枸杞的客户，大多数都是熟人、朋友，又或是附近的人。所以，他也懂得诚信的重要性，而且他通过本地客户都亲自送货上门的方式，也积累了一些回头客。

其实有很多人都想尝试利用微信的价值来实现自我的价值，这也是微信希望看到的。总结以上的几个案例，也可以得出几条个人在微信创业的规律。首先，要做微信创业，就要具备一定的粉丝数量（好友数量）。这个数量可以通过一些方法去累积。其次，要与这些粉丝和好友保持密切的联系。如果是公众号，也要经常互动，才能维护好这份关系。最后，至于在微信上卖什么好，其实没有一个特别明显的优势和劣势，正所谓产品本身不分市场，营销的手段决定业绩。

当然，还要提醒各位跃跃欲试的创业者，微信创业固然有很多机会，但是如果采取频繁刷屏的方式，就会和垃圾短信一样的下场了。毕竟与微信里的好友保持一个良好的关系，才能发挥出微信所带来的价值。

第三节 作家通过微信来卖书

一说到作家通过微信来卖书，大概很多人第一想到的就是南派三叔。其实，关于作家通过微信卖书的这个话题，还远远不止一个三叔可聊。作家和艺术家，在用心完成自己作品的同时，也需要一个平台来展示自己的作品、推销自己。微信就可以为作家们的写作和营销提供一个新思路。

我们先来看看南派三叔的微信公众账号。三叔的公众账号属于服务号的类型。通过页面底部的签名来看，与陈坤的公众号是同一家公司进行运营的。

进入首页，我们可以看到几个板块：会员讨论、小说、动漫、独家短篇、同人文、三叔博客、三叔新闻、个人中心等。其中"会员讨论"的板块最显眼，面积也最大。

南派三叔的微信公众号实行会员制。有月卡、季卡、半年卡和年卡，分别为 6 元、15 元、30 元和 55 元。

在"三叔博客"这个版块里，南派三叔写了一篇题为《关于会员、版权以及其他》的文章。文章里提及这个平台的维护费用单月最少消耗资金 12 万元人民币。这个微信公众账号的核心概念是一个半封闭的平行世界，是个讨论故事和交朋友的地方。每个月为大家提供好玩的探险节目和好的故事内容，还有各种嘉宾的互动，以及新小说的连载更新。在粉丝享受故事的同时，提出建议。希望大家能够看到一份手稿从诞生到最后成为实体书的所有过程，理解写作流程和作家的不易。

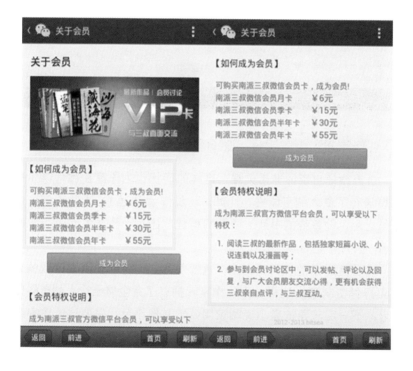

我们可以来思考一下，微信能够为作家带来什么价值？作家能够为微信带来什么价值？

ᴑ) 1.作家通过微信卖书，赚钱吗？

最近微信自媒体非常火爆，这样的现状也为作家在微信谋生存的想法有了更大的可能性。比如，一位作者开通了个人的微信公众账号之后，他曾经的书迷、微博的粉丝，还有一些慕名而来的普通读者，关注了他的微信公众号。

然后通过微信支付的方式，运营包月会员制或按篇章计数的方式实行付费制度。这样一来，作家就拥有了完全属于个人的自媒体平台，不一定非要依靠小说阅读网站或其他平台。只要这位作家继续写出受读者欢迎的优质作品，就能够吸引到越来越多的读者来关注并付费。

这样一来，收入自然也会相应增多。用户可以在微信上做自己的文学网站，作者不一定依赖于现在的网络文学网站，可通过微信直接面向用户，用户想看下一段内容，只要愿意付费，作者就可写给用户并直接送达给用户。这样，微信就成了内容制造者和终端用户的一个桥梁。

微博上的段子手或许可以很火，但是同样的内容搬到微信上来，反响就会完全不同。微信的用户点开公众账号，更多的时候是想"每天进步一点点"，因此太无聊的东西就不能在微信生存下去了。相反，作家就大不一样了。或许在微博不活跃的作家，到了微信这个平台，反而可以大展拳脚。微信公众账号这个平台上，现在有 200 多万个账号，都在进行着生死角逐，谁的内容好，哪个账号的原创度高，存活的概率就高。在微博看够了各种段子，到微信里不会想看到重复的内容。

睡前阅读一段微信公众账号里的精品短文，现在已经成为了很多人的生活习惯之一。用手机阅读小说本身就是一个很大的需求。在这个环境里，作家的发展空间是巨大的、广阔的，也是如鱼得水的。那么，接下来就是在微信如何写作的问题了。

») 2. 非大神级的作家，在微信上该如何写作？

大神级的作家屈指可数，比如前面提到的南派三叔，相信不只是微信，这样级别的作家，不论到哪个平台，都会有一批死忠的粉丝跟着他。专门为了看三叔，而去注册一个没听说过的平台，也是完全有可能的。

那么，对于绝大多数非大神级别的作家们来说，又该如何在微信上找到自身价值，或者说放大价值，也是很多人关心的问题。现在看来，写作的技术已经不是问题了，不论是发布还是销售，微信都可以提供通道。剩下的就是，原来在小说阅读网站写作的那些作家，如果没有网站本身的人气，还能不能存活下去。当然好的作品可以吸引来一部分读者，但是实行收费制却并非易事了。

靠码字生活的人都明白，创作作品本身就是一件累人的事。如果现在还要给作者加上要去推广自己、营销自己的额外任务，不论是精神上还是体力上，作家们未必都能承受得了。

有没有合适的方法可以解决这个问题呢？解决方案还是有的。比如说，就利用"每一个公众号都是 APP"的平台优势，把一个公众号打造成类似小说阅读网站客户端的形式，这个在技术上是没有问题的。然后请作者来入驻，读者自然也会跟着来了。不过这个方案有一个弱点，那就是微信对于这类模式呈现出来的不确定因素。毕竟是在微信的平台上，所以一切微信的"政策方向"变动都会直接影响公众账号的运营。

目前看来，最适合在微信公众号发布的小说类型还是短篇，尤其是近两年兴起的微小说类型。连载几天就可以看完的最佳，要不然读者很容易就弃了。并且微信公众平台可以与读者粉丝进行一对一互动，听取读者意见也更直接。毕竟愿意付费阅读小说的，都是忠实读者，会提出相对诚恳的意见。

当然，如果作者本身并不介意营销自己的话，那还是有很多途径可以利用的。比如先把其他平台上的读者粉丝转化到微信公众平台上来，然后通过读者分享到朋友圈等扩散影响。当然这其中也还是需要用到一些营销手段，比如转发抽奖、推荐有礼等形式。

第四节　微信预约——社交网络政务进入"微"时代

随着移动互联网技术的高速发展和智能手机的广泛普及，以及手机应用量的猛增，社交媒体从电视转到电脑，现在又从电脑逐渐都转向了手机。也就是说，如今这个时代，谁能够在手机上传播信息，谁才能达到最好的传播效果。而政务传播的渠道也从网站邮箱转移到微博，现在又在向微信大面积地迁移。如果说微博改变了传统政务机构传播信息的途径，那么微信就彻底改变了传统政务机构服务人民的方式。

对于普通老百姓而言，关注了政务微信的公众号，就可以随时随地通过触屏来查看政务部门的通知，以及咨询、沟通、预约，甚至是办理业务。现在已经有不少政务机构开通了微信公众账号。

广州的某位市民一早就到了广州市公安局出入境业务预约处，可是没想到那么早到达，结果还是没有预约上。这时看到旁边有一个微信二维码，于是他拿出手机，打开微信"扫一扫"，关注了广州市公安局公众号，随后轻触了几下屏幕，不到五分钟，预约就搞定了。

这种紧跟时代步伐，对业务办理的流程进行改进和转型的做法，减少了人民群众排队等待的时间，政务机构的办事效率提高了，互相都方便，相互之间的关系自然也就变得更加和谐。而在以前，市民排队缴纳罚款、办理出入境业务、补办身份证等都需要亲自前往业务窗口排队领号。

"广州公安"的微信公众账号一共推出了十八项交通管理网络办理业务和一项预约业务。市民只要关注"广州公安"微信公众账号，就可以通过移动互联网的终端，比如手机，来办理相对应的业务。

　　从广州市公安局的微信公众账号可以看出政务机构部门为民办事的诚意，确实也深切感受到了政务机构是在很用心地运营微信公众账号，把这个平台看得很重，同时也利用得很好。

　　不仅如此，为了提高和改进政务微信平台信息推送与受众反馈的"沟通时差"，2014年4月，"广州公安"政务微信平台建立了自动回复口径库，内容涵盖"招警、消防、交通、出入境、户政、刑事侦查、报警投诉"七大板块，网友按照内容分类，通过输入阿拉伯数字指

令或输入关键词，即可获得相关业务解答，大大缩短了以往"你问我答"的信息推送往返时间。政务微信"秒速传播，高频互动，点对点服务"的性能优势被发挥到了极致。

相对于手机应用 APP 来说，微信公众账号更方便。首先，对于政务机构来说，开发 APP 的成本要大得多，而且还需要开发几个不同手机系统的 APP。接着还要进行上线 APP 商店，以及实行宣传和推广。第二，对于手机用户和广州市民来说，下载手机 APP 一要流量，二占手机空间，大家不一定会为了一个月都不见得办一次的政务去下载安装政务部门的 APP。因此，对于政务机构来说，开通一个微信公众账号的成本不高，有很多功能架设微信会提供支持。对于市民来说，关注一下公众账号还是很简单的，也不存在消耗流量和手机内存的问题。

在广州公安推出了微信公众账号以来，已经有了好几万的粉丝人数。政务微信的发展和服务，还有很大的发展空间。由于政务微信的业务涉及政府多部门，因为权属问题，部分业务暂时无法开通。目前，"广州公安"微信团队正在尝试在微信中引入车辆年审与养犬管理等业务。

不过，在感叹政务微信的便利性之余，也有市民担心自己的个人身份信息会不会泄露。关于这个问题，广州公安的微信还设置了三个层级：游客可以浏览"广州公安"的微信；注册用户可查询违章；实名认证用户可办理业务。为了避免黑客攻击系统，还特意设置了查询权限，每个账号一天仅可查询三次。

在全国范围内来看，广州公安的政务微信也算是一个很大胆的尝试。因为没有前人的经验可以借鉴，但是从这个大胆尝试的行动，至少可以看出那份为人民服务的精神。接下来，其他地方的政务机构和部门也相继地开通了政务微信公众账号。根据中国传媒大学媒介与公共事务研究院统计，从 2012 年 8 月公众微信推出到 2013 年 7 月 31 日晚 23 时，全国政务微信达 2200 多个。根据职能划分，排名前五的政务微信是公安、党政机关、共青团、旅游和税务，其中，公安政务微信占总量的 1/3。

政务微信公众账号的开通，对于政务机构、运营商和百姓来说，都是有利的、有价值的。百姓通过微信政务平台可以方便快捷地办事，运营商作为中间环节可以赚取流量，而政府部门在为老百姓办事的同时也节省了人力物力。

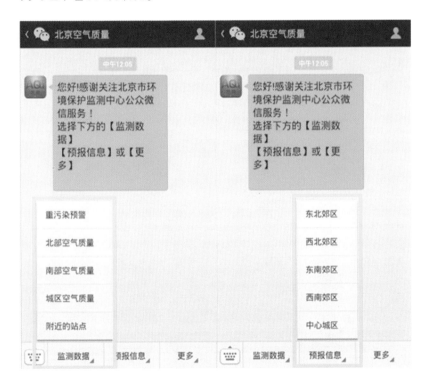

近日，北京市环保监测部门也向媒体透露出要开通微信公众账号的消息。北京市空气质量预警预报系统将进行更新升级，同时，也将通过微信公众账号来进行空气质量信息的发布。市民可以通过北京市空气质量发布平台的微信公众服务号，来获取最新的空气质量信息。

　　社交网络政务已经进入了"微"时代。

第七章

"微"开发第一步
——一步定位，千步商机

第一节　认清自己——不是每个企业都需要微信营销

企业最大的危机，不是当下利润的多与少，而是对于未来能不能有清晰的把握。从 2013 年到 2014 年，微信这个平台被炒得很火，微信创业、企业打造微信公众平台等也确实是一番红红火火的景象。于是，很多企业就开始蠢蠢欲动，也迫不及待地想要投身到微信营销的领域中去。可是，在看到这一片红火的景象同时，也要注意别迷失了自己，并不是每个企业都需要微信营销。

在想要做微信营销之前，可以先问问自己几个问题。

» 1. 我们的企业为什么要做微信营销？

有不少企业想要做微信营销，是因为看到大家都在做，或者说看到同行都做，所以我也想做。如果仅仅只是因为要是我们不做，就可能会处于被动地位的话，那么在没有搞清楚为什么要做微信营销的前提下，去开始做微信营销的话，还是会处于被动的地位。

营销工具也好比是一把菜刀，它可以用作烹饪的工具，也可以是一把杀人的凶器，更可以什么都不是。比如，你从来不在家做饭，那么再好的烹饪工具对于你来说，都是没有意义的。因此，我们会发现很多传统的企业家，不用智能手机、不懂什么叫移动互联网也照样做生意。移动互联网的营销手段，对于传统的企业来说，尤其是已经很大的企业来说，没有什么诱惑力。

其实，这个道理非常显而易见，到现在互联网电子商务还没有诞生过 100 亿的实体群体，只有极个别的几个新公司做到了。天猫和淘宝上的企业还是以个体户为主。上百亿的实体不会轻易转型到移动互联网上来。原因也很简单，若是想要让上百亿这个等级的企业转型去按照互联网商业模式运作，那么就要先出来能够操作上百亿级别的移动互联网运作模式。要不然，为什么要去做？为什么要转型？

就算不是上百亿的大型企业，只是普通的中型企业，一样对移动互联网的营销模式心里没底。实体企业一旦要转型、要运作某种商业模式，那么就必然会有投入。这个投入和我们个人去做个微信营销，炒作一下个人品牌完全不是一个概念。企业没炒好，就炒"糊"了。所以，除非有一个必须要去尝试的理由，那么为什么要冒着炒"糊"的风险去未知的领域挑战呢？

如果现在不做微信营销，我们的企业是不是就快不行了？如果不做微信营销，是不是会有损失？在做微信营销之前，首先要考虑的就是这些问题。

2. 我们的产品适不适合做微信营销？

好了，如果还是那么想做，那么就接着思考第二个问题。我们企业的产品，或者是我们企业的服务项目适不适合通过微信营销来做。我们周围有太多正在做微信营销的人或企业，在这个包围之中，就更要保持冷静的头脑。

在做微信营销之前，一定要思考我们的品牌或者说产品有哪些特点，是否能够很好地借助微信这个平台把我们的品牌或者产品的特点放大。如果我们的产品或者品牌，可以借助微信的这个营销平台来展现价值，那么就可以考虑做微信营销。

不过，比如说一些客户买了一次之后可以用几年，很少会买第二次的产品，又或是不需要售后维护的产品，就不太适合做微信营销。因为不论企业在微信公众平台上发布什么免费的资讯，归根结底还是需要引导用户进行消费。如果微信的平台无法实现这一点，那么就没有必要非做微信营销。

还有一种类型的产品和服务就不适合做微信营销，那就是需要与客户多次见面沟通的项目类型。传统企业有很多是需要业务员去跑客户的，都不适合做微信营销。因为不论微信如何适合于客户在线上沟通，但比起面对面的交流都要显得弱很多。比如像广告业务，如果不去多跑几趟，甲方怎么会愿意把活儿交给你呢？用微信，而且还是公共平台去沟通，更不会搭理你了。因此，类似承接工程、外贸订单、网络营销代运营等这种需要去跑客户的，都没有什么做微信营销的意义。

总而言之，这种需要通过人际交流才能实现的业务类型不适合做微信营销；消费频次不高的产品和服务不需要做微信营销；没有足够丰富的产品种类的也没有必要做微信营销；还有那些不需要售后服务的产品，客户买了一次可以几年不用再换的产品，都没有什么做微信营销的价值。

》 3. 我们的企业是不是非要做微信营销不可？

没错，我们确实进入了一个移动互联网的时代，但是这就意味着我们就非要做微信营销不可吗？在考虑是不是要做微信营销时，有一个问题我们也必须考虑到，那就是微信这种营销方式，是不是就是最佳的选择。相对于其他的移动互联网营销模式而言，微信这个平台到底有什么不同，有什么独特之处让我们非做不可。如果没有找到非做不可的理由，那么也就意味着不做也可以。

比如，我们可以认真对比一下微博和微信的营销模式，看看我们的企业更适合做哪一种。微博是一个纯传播式、发布式的平台，虽然有评论有转发功能，但毕竟在互动这个层面上还是有很大差距。微信因为是一个相对封闭的空间，我们与用户之间，除了群发的内容之外，可以进行一对一相对私密的沟通和互动。订阅了微信公众号的用户，都相对要忠实一些，而且信息的传达率是百分之百。

如果我们企业的产品重点只是在于宣传、发布、传播，不需要和用户进行过多交流，那么用微博不是更好吗？如果用其他的营销平台和工具可以实现更大的价值，就没有必要再分散金钱和精力去做微信营销。微信营销也只是我们企业做生意的一个工具和手段，通过其他手段可以实现的目的，就不一定非要用这个手段。

微信这个平台有没有可能帮助我们的企业提高既有用户的购买频率，有没有可能帮我们企业吸引来更多的客户。微信能不能替代我们以往所使用的营销模式，如果没有这个可能，或这个可能性很小，那就没有必要非要做微信营销不可。

》 4. 我们企业的微信公众账号可以为订阅用户、客户带去什么价值？

现在微信公众账号的数量有几百万之多，作为微信用户，面对这么多选择的情况下，有没有要去关注我们企业的公众号的理由。使用微信的手机用户，无非有这么几条理由:第一，为了和朋友通信聊天，也就是用来联络感情的；第二，为了接收 QQ 消息，手机内存有限，装了微信就可以卸了手机 QQ，省事；第三，因为无聊，可以"摇一摇"、"查看附近的人"，或用"漂流瓶"来交友，排解无聊；第四，因为我的朋友们都在用，他们不愿意跟我发短信，鼓动我也发微信；第五，为了关注某个明星的公众号。

由此我们可以看出，很少有人安装微信，使用微信是为了订阅企业公众账号的。订阅公众账号也是一个建立在主要需求上的"顺便"行为。因此，微信的用户在订阅企业的公众账号时，对公众号发布的内容会更加挑剔。换句话说，不想在微信上浪费时间看没有什么价值的东西。这点和微博很不同，在微博上看八卦、看各种段子，没觉得是在浪费时间，但是订阅了微信公众账号，就有一种"通过公众号的内容，实现自我提升或学习知识"的期望。

因此，企业的微信公众账号能够为用户带去什么价值、多少价值，这个问题如果不考虑清楚，只是一厢情愿地觉得我会用心把我们企业的产品展示出来的，用户是不会买账的。对自己没有价值的公众号，用户不会去关注。同样，如果是服务类型的公众号，就要考虑，我们提供的服务是不是足够让用户舍弃别的方式来订阅微信服务号。如果在别的平台上，用户的购买体验和服务体验感觉更好，当然也不会到微信公众平台上来关注我们企业的公众号了。

不同的用户抱着不同的目的点开微信，但至少所有用户都一样需要对自己有价值的公众号。

» 5. 微信营销可以为我们的企业带来什么价值？

企业通过互联网的营销手段所需要实现的价值是什么？第一就是需要对企业产生新客户有帮助；第二是有助于提高企业的运营效率；第三是有助于企业搜集用户的反馈信息；第四是可以帮助企业改善经营链条。

我们可以对照这几条所需要实现的价值，来对比企业自身和微信营销，两者结合起来，能不能实现这些价值。在关于能不能带来新客户的问题上，最好的营销平台和工具是最适合宣传和推广的，比如像微博这样的开放式的平台，就更适合吸引新客户的目光。所谓新客户，很多都是以前不知道我们企业，或不了解我们企业产品的客户。

而微信这个平台呢，相对而言，粉丝更加精准，则更适合做维护既有客户或潜在客户的营销。当然，最理想的状态是企业可以微博微信两手抓，用微博做品牌推广及发展新客户并顺势把弱关系转变成强关系，用微信更好地维护这些强关系，并将这些强关系用户转化成订单等。

假设我们的企业非常适合开展微信营销，可是，又该如何去维护关注的粉丝呢？

» 6. 想好怎么做了吗？

一旦决定要开始做微信营销，那么就必然要先对"怎么做"有一个清晰的认识。现在微信上的公共账号的数量已经如此庞大，我们该怎样把自己的企业公众号进行差异化，以及我们企业有没有做好准备在微信平台进行投入、打算投入多少等。

其实现在我们打开微信搜索一下公众号，会发现自己想到的名字或关键字都已经被注册过很多次，这也同时意味着我们失去了先发优势。那么在我们失去了先下手为强的优势的前提下，该采取什么策略进行追赶，又或是我们企业身上有什么独特的优势可以寻找到还没有被占领的市场。

微信这个平台现在有待开发的价值空间还非常巨大，但也正是因为微信营销的模式还没有一个绝对清晰有效的框架，因此作为企业来说，在考虑使用微信这个营销工具之前，应先对照自身的条件和发展情况，当然也要把未来发展规划也算进去，并不是每个企业都需要微信营销的。

第二节 瞄准客户——摸准自己的客户群

» 1. 定位自己的微信公众号: 我们开通这个公众号是要做什么?

首先，我们要想清楚，我们的公众账号的定位明不明确，也就是说要搞清楚我们开通这个公众号是要干什么，目的是什么。

微信公众账号对于商家来说，其实就是一个品牌主页，是展示品牌文化、宣传推广产品、与客户建立联系、促成订单的地方。一个人的手机屏幕有限、手机容量有限，而微信这个手机 APP 的信息承载量也很有限。微信里可以有几百万个公众账号，五花八门，什么类型的都有。但是对于一个微信用户来说，会订阅多少个公众账号呢? 这首先取决于用户本身想要什么，想通过微信了解到什么，其次公众账号可以提供什么有价值的信息。

微信公众账号推送出去的消息，是给关注的用户看的，而且是和关系亲密的用户，不是微博上的弱关系粉丝，并且微信公众账号推送出去的消息到达率是百分之一百。

微信公众平台的接口开放了很多，可是这并不意味着一个公众账号就要把这些功能全都用上不可。对于用户来说，并不是你的功能越多，就越喜欢。所谓"简单就是力量"，千万别把微信公众账号建造成一个瑞士军刀式的万能窗口，可以免费听音乐、机器人智能陪聊，还时不时推送心灵鸡汤，还有小笑话、鬼故事，还有生活妙招、宠物饲养常识，这些没有什么实际意义的功能只会淡化公众账号的核心价值，请删掉这些功能，找准自己公众号的精准定位，简单就是力量。

》 2.定位公众号的订阅用户：用户能够为我们带来什么价值？

围绕我们开通和运营微信公众号的目的：展示品牌文化、宣传推广产品、与客户建立联系、促成订单。因此我们所要做的事，就是为了让关注了我们微信公众号的用户体现出他们的价值来，或者说挖掘出他们身上的潜在价值来。

那么，我们所要思考的是关注了我们微信公众号的用户都是一些什么人、什么文化水平、习惯于使用什么样的社交网络工具、品位和鉴赏能力如何、用电脑和用手机的时间比例、微博用得多还是微信用得多等。只要先搞清楚了用户都是一些什么样的人，才能真正谈得上开始挖掘客户的价值潜力。

微信上分布的用户群体非常丰富，主流是学生和白领，但也不能忽略一小部分高端商务用户和一小部分正在逐渐壮大起来的中老年用户。

在几年前，高端商务用户都一直"不屑于"用腾讯的产品，认为QQ就是闲得没事瞎聊天的工具，他们谈公事、传文件，或者视频开会都用MSN。但是腾讯凭借微信这款产品，一举解决了自己多年来始终没有解决的吸引高端商务用户群的问题。在这一点上，微信算是一个巨大的成功。

对于不同年龄、不同职业、不同消费档次、不同生活习惯的用户，都有不同的需求，也有不同的接触点。摸准这些不同之处，结合自己微信公众号的定位，就能创造出我们所想要的价值。

不同的用户类型，所适合的互动类型和频率也不一样。对于学生和白领来说，在微信里的时间明显要长很多，一方面他们与朋友之间的联络频率会高一些；另一方面他们有足够的时间和精力，乐于订阅各种公众账号，也喜欢在微信里阅读各种感兴趣的信息内容。对于他们，互动活动的频率可以高一些，内容形式可以更新颖有趣一些，比起功能的实用性，他们更看重娱乐性。比如"摇一摇"不能为他们带来任何所谓"价值"，但是他们就是爱摇，因为好玩，就这么简单。

而对于微信的高端用户群体，他们就更看重实用性和价值性。没有价值的内容，不值得他们花时间去阅读，而且还是在微信里阅读。而对于中老年用户来说，更是越简单越好，界面简单、功能简单、互动内容简单。但是，简单并不代表简陋，简单的同时要好用，也要有一定的娱乐性。

这么多类型的用户，不要贪心地想要一网打尽，必须要定位到其中的核心用户。用户是一个很大很模糊的概念，无论是做产品还是做微信公众账号，都应该界定出核心用户，尽管核心用户可能是随着生命周期的演进而不断发展的。需要把用户划分为核心用户和普通用户，主要功能、主打产品、维护客户的主要精力都要围绕核心用户来展开。一个核心用户所产生的价值或许可以远远超过十个普通用户所带来的价值。

因为核心用户和我们的公众号的"频率"是相同的，这意味着我们说什么，他们都能马上明白、心领神会。在沟通和交流的时候，最有价值的客户就是可以领会我们产品独到之处，并且愿意分享他的使用感受给其他潜在客户的人。

粉丝是可以花钱买到的，那些买来的上百万的"僵尸粉"对企业来说，完全没有任何意义，只是一个单纯的数字而已。微信的粉丝要远比微博的粉丝质量高得多。这是因为关注微信公众号比关注微博号要麻烦一点，也就是关注的成本高一点，所以愿意付出这个成本来关注我们的用户，都是相对精准的用户。

虽然增加订阅用户的数量，对于处于开通微信公众号初期的商家或企业来说，是一个必须要完成的首要任务。但是，在微信这个平台上，增加粉丝数量的方式不能照搬微博上增加粉丝的那些老掉牙的套路。因为这样增加来的用户没有意义。除非你是想开一个公众号，短时间内增加了很多粉丝之后，靠这个订阅用户的数量去拉广告，要不然千万不要浪费那个时间和金钱，去拼命增加一些本身对我们不感兴趣的粉丝来充数。

微信公众平台的价值之一就是订阅用户的精准度，用户关注我们，就意味着我们和用户之间建立起了一定的信任度，我们和用户处于一个相对私密的社交网络空间里，亲切感也不一样。如果我们无视掉这个难能可贵的价值点，那还不如干脆不要做微信营销。

有这样一个例子，有一个做餐饮的老板，他的目标粉丝就是周边五公里的居民，首先他的公众账号里面除了有饭店介绍、菜色介绍、每个菜的营养构成、天气预报等功能和微信订餐之外，还每天更新他们附近的一些新闻、家长里短。充分利用自己店的优势，桌子、大门上都有自己的二维码，拥有微信好友九折优惠的服务，同时还设计了几个微信套餐，客人去他店里面消费，只要将他们店的微信公众账号推荐给自己所有的好友，就可以任选其中一份微信套餐免费食用。

由于他定位粉丝群体非常精准，所以只要关注了他公众账号的用户，基本上能确定其中 80% 的人经常去他店里面消费，而且新客人天天都在稳定增加。他没有使用什么特别的营销外挂软件，也没有花钱去做传统形式的广告宣传，就仅仅是充分利用了微信公众平台可以精准定位客户的这个核心价值，就做起来了。

综上所述，微信公众账号的订阅用户，不在于数量，而是在于质量。因此我们所要追求、吸引的订阅用户要有针对性，宁愿多花一点时间、精力和金钱去吸引有价值的核心用户，也不要浪费精力去撒网式地捕捞很多不能带来价值的用户。

》 3.定位公众号的内容：能够提供给订阅用户什么价值?

我们与客户之间，与关注了我们微信公众账号的订阅用户之间，是互相尊重的关系。我们要尊重客户、订阅用户，他们才会愿意为我们创造价值。那么反过来，我们也要为用户、为客户提供他们想要的价值，我们与客户之间的纽带才会牢固。

明确了我们的受众群体之后，就可以进行对应的推送了。比如浙江奥通的二手车公众账号，他们做过两期二手车讲堂，第一期讲的是玻璃的鉴别，第二期讲的是轮胎的鉴别，这些知识无论在购买二手车还是新车时都非常实用，大家的反应也完全契合他们当时开通在线课堂的初衷。他们让订阅用户在买卖新车二手车的过程中获得了超出预期的价值。

既然我们希望客户可以关注我们的公众号，那么我们就应该换位思考，比起生硬地去告诉用户，关注我们的微信公共账号有什么好处，不如就告诉他们所感兴趣或所想要的东西，在我们的微信公众号里就有。

要尊重客户，但是另一方面，这个尊重也有一个适当的程度问题。如果变成了讨好，就没有必要了。其实只要能够坚持提供给用户想要的价值，他们自然就会留下。对于那些和我们"不对频"的用户，取消关注也就取消了，反正留下也产生不了什么价值。我们没有必要坚持"客户永远是对的"这种如今已经不适用了的营销理念。微信营销不像是开餐馆，顾客说咸了或甜了就去改变。如果我们为了迎合某一部分的非核心用户去改变我们的价值观或品牌风格，就会与我们大多数的核心用户的价值观背道而驰，那就得不偿失了。

　　一旦锁定了自己的客户群，那么就要坚持为这个群体服务。这就像旅游部门希望有十万个普通游客来自己的城市观光旅游，也不希望只来十个亿万富翁。十个亿万富翁就算住总统套房，吃鲍鱼龙虾，也远远比不上十万个普通游客预订的十万个酒店房间、十万张景区门票。因此，在面对几个大客户和一群小客户时要坚持我们的价值观。毕竟微信公众平台存活的基本条件之一还是足够的用户数量。

第三节　公众号运营——创新与坚持同在

　　微信营销向来不是短、平、快的方式，在微信这个平台上创业也好，还是运营已有的品牌也好，不论是企业还是个人，创新与坚持都是最基本的运营原则。这四个字看似简单，貌似人人都能做到。还有很多企业老板"不屑于"微信营销，又或是另一种极端——在微信营销的道路上急于求成。可是，只有真正做起微信公众账号才会明白"创新、坚持"这四个字中所包含的道理。

　　首先我们不要忘了，微信是一个手机通讯 APP，它的基础功能是通信。相信极少有人会说我安装微信就是为了看公众号，不和朋友联络的。因此，微信是一个基于社交网络的平台，这就意味着微信是一个有感情关系链的平台。用户打开微信，打开的是一个和朋友分享心情感受的 APP，所以我们运营微信公众账号，也要带着感情，用户在微信里需要的是温暖的亲切感，而不是冷冰冰的广告推送。

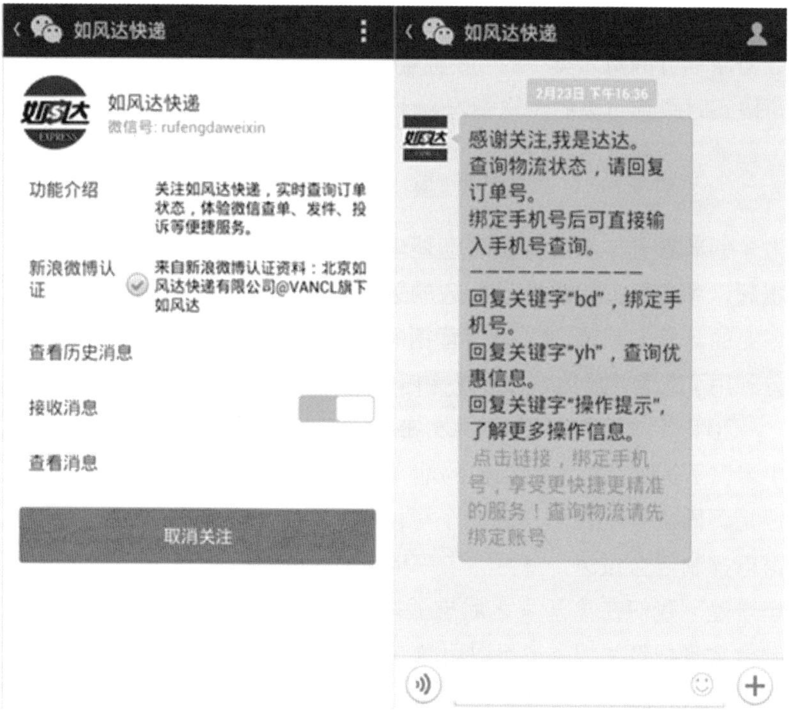

1. 创新案例一：如风达微信公众号 4 个月破 10 万用户。

凡客诚品旗下快递企业如风达的微信官方公众账号于 2013 年 3 月底上线，在不到四个月的时间里，关注用户数量就达到了 10 万人。关注如风达微信公众账号的用户可以预约取件、查询、投诉、建议。除此之外，如风达微信还具备手机绑定功能，绑定用户不需要输入订单号，只要输入“wl”，即可查询到最近订单情况。

如风达总经理介绍：“今年 5 月，面对快递行业同质化的微信服务，我们进行了微信功能优化，优化后的如风达官方微信率先在行业内实现全程信息流订单查询，并且在进入如风达官方微信平台后，客户还可查询近期已妥投订单的信息内容。”

当时正逢微信公众号平台也在升级，并且完全符合微信对公众账号所划分的两大类中的"服务号"类型。用户只要绑定手机号，就可以实时跟踪订单的派送情况，十分方便。

》2. 创新案例二：微盒 webox，用微信遥控家电。

小米盒子、天猫魔盒等智能电视盒的概念在 2013 年也是风生水起，各大巨头纷纷给予巨大的关注。微信 5.0 版本上线，让各行各业的商家们都看到了微信营销的新思路。无锡有一家公司，就充分利用了微信开放的端口，把微信做成了电视盒的遥控器。

2013 年的 7 月，该公司发布了他们的产品"微盒 webox"，与小米盒子等智能机顶盒相似的地方是，它也可以播放视频、玩游戏。但是不同之处就在于这款盒子可以由微信来控制，还可以将家里的家电控制包含进来。关于"未来电视"等此类智能家具的应用构想场景是：我们在离开家之后忘了关灯的时候，可以在微信上通过控制微盒来把灯关掉；还可以用微信来远程打开空调、智能电饭煲等。另外，这款盒子还在商业领域实现了微信点菜和 KTV 微信点歌系统功能。

而这个盒子最大的亮点就是与微信的连接。我们之前见到过类似"印美图"等这类产品利用微信与硬件的交互，达到简单实用的效果，而对于这款盒子来说，只需要关注他们的微信公共账号，就可以通过微信账号里面的操作平台操控这个微盒。

虽然使用微信作控制器的成熟程度还有待时间考验，但是这样的尝试为我们提供了一种微信的新玩法和新思路，由此感受到智能家居的生活离我们越来越近了。

》3. 其他创新思路：轻量的手机游戏。

微信 5.0 版正式推出了游戏中心之后，各家游戏开发公司开始骚动起来。游戏中心刚上线的时候只有两款游戏，短短几个月增加到了十款，说明微信对游戏中心的发展很有信心，也比较看重。尽管现在还都是腾讯自己研发的游戏，但是对于游戏研发公司的创业者们来说，机会还是很多的。

从腾讯的产品QQ空间，我们也可以看到，当时腾讯的自主研发和第三方开发平台，这两种类型的产品在开放平台上是共存的。第三方平台在QQ空间里能有机会，并取得成功，而且在QQ空间上一个月就有几千万元的用户充值额度。所以微信5.0版本上线后，我们所看到的微信收益模式中，就有表情商店和游戏中心。

腾讯不可能把所有的游戏都做了，接下来游戏研发公司很有机会能上。在微信的手机游戏开放平台，也相信能够成功。

运营公众账号，有了创新的思路之后，就要脚踏实地地去做，那么接下来车要考虑的就是怎么做，坚持什么。

4. 企业的微信公众号运营，可以总结为三大原则。

①目的决定推送频率。微信公众账号允许订阅号的类型每天发布一次图文消息，这一整条图文消息中可以最多发八条图文消息。由于现在微信用户面临的选择越来越多了，公众号之间的用户之争也越来越激烈。因此，如果每天都推送一次图文消息，每次都推送满满的八条图文信息，大多数的用户都不会全部看完，可能还会觉得收太多了费流量产生反感。

所以，第一原则就是根据推送所要达到的目的来决定推送的频率和内容。比如，这几天是互动活动期间，所以每天都要发活动相关的内容。还比如今天正好是纪念日，又或是企业有热点事件需要宣传。总之先以非发不可的内容为基准。

②重要度决定内容。这个重要度指的是对于企业来说很重要，企业很想把这条消息发给用户看，如果是这样的情况，就把内容加入到图文信息里去。每条图文消息的打开率会根据排列的先后顺序大幅度递减，也就是说一般用户也就看看头条，顶多看看第二条，

除非第三、第四是他非常感兴趣的内容，要不然很少会有人会全部看完。如果是无关紧要，或并不是必须要发布的信息，完全可以不用发布。

③价值决定顺序。这个价值指的是对于用户来说的价值。用户感到这是对自己有价值的内容，那么就会继续关注此公众号。如果总是给用户推送对于他们来说没什么用的内容，或者总是以企业的宣传广告为主，头条永远是促销活动，就没有亲切感，也没有感情。把让用户感到有价值的内容放在头条的位置，不仅在用户打开"订阅号"这个折叠菜单的时候可以一眼看到我们发布的图文大标题，而且还会很愿意主动进行分享。分享就意味着传播率提高，最重要的还是让订阅用户觉得这是一个有质感、有价值的账号。

》 1.企业的微信公众号运营，要坚持以下几个原则。

坚持尊重读者。读者就是关注我们公众账号的订阅用户。观察一下身边的朋友，我们会发现一个用户一般来说长期订阅的微信都在 10 个以内，一旦超过了这个数量，那么就意味着这些公众账号被点开的概率很小了。怎么样让我们的订阅用户不仅一直保留关注我们的公众号，同时还愿意经常点进来阅读呢？那就是尊重我们的订阅用户。尊重的方式有这三种：第一，坚持推送有价值的内容；第二，感恩那些愿意提出意见或建议的用户；第三，积极回复那些需要帮助的用户。

与此同时，在编辑内容的时候，注意不要直接复制粘贴。用户从推送的内容里那些大小、颜色、字体不统一的格式，可以看出敷衍了事的态度。因此，抱着尊重订阅用户的心态，认真地编写推送的内容。把这种心态坚持下去，用户会感受到字里行间等细节处体现出来的诚意。

坚持初衷。毕竟那些一开通公众账号，在短短几天或几个月就拥有上万或几十万关注者的案例还是极少数的。像杨幂这样的明星也属于例外。对于不是超级名人，也没有几十万粉丝级别的微博大号帮忙推广的草根创业者，首先能够做到的就是不忘初衷，也就是当初想要实现什么目标的决心。

一方面，放平稳心态，不骄躁，有些人开通微信公众平台前喊各种口号，坚持了不到三个月，看订阅用户人数上不去，就放弃了；另一方面，也要积极地想办法，坚持最初的目标，然后努力地去做。

坚持定位不动摇。现在运营公众微信的机构和个人都越来越多了，竞争十分激烈，只有想清楚了自己到底要做什么，并且尽可能利用自己的资源以及职业技能等各方面的优势才有可能获取稳定的目标用户。不要觉得发了一个星期的减肥内容，没什么人关注，下个星期开始发关于星座血型的。没有定位，或没有坚持公众号一开始的定位，那么就干脆不要做了。因为这种公众账号不可能会有固定的订阅用户。

用户的沉淀也需要一个过程，在竞争这么激烈的背景下，这个沉淀的过程或许会长达三个月甚至更久。为什么会有一段时间的沉淀期呢？道理很简单，通过其他渠道的宣传而来的用户，面对一个陌生的公众号，他们也会去翻"查看历史消息"，来看我们以往都发过一些什么。如果一眼扫过确实是自己感兴趣的内容，就会关注，如果都是些没有重点、没有价值的内容，自然也就会离开。

坚持推送十天有价值的内容，或许并不难，同时也不会产生什么明显的效果。但是当我们坚持写了五十天时，就是从量变到质变的飞跃了。微信有着特殊的社交网络属性，而且是相对封闭的性质，这就决定了我们在运营公众号的时候，大部分的时间都处于一个相对稳定的订阅用户增加趋势当中。除了大号搞大活动，一般都是每天增加一个相对稳定的新订阅人数。

总之，坚持定位，与我们"对频"的用户自然就会逐渐地被吸引过来，而这些相同频率的用户才是真正有价值、有质量的用户。

坚持互动，坚持推送。如果我们做的是像"每天进步一点点"这样的公众账号，那么就要坚持每天都推送。不能今天感冒发烧停一天，明天头疼脑热停一天。用户原本是打算用我们的账号每天进步一点点的，也就是对我们有所期待。一旦辜负了这个期待，品牌价值就会下跌。

设置自动回复这种自助式的互动，可以帮用户快速找到他所需要的内容。但是人工回复依然很重要，比如用户对我们推送的内容做了点评，我们要回复相应的讨论式的内容，用户就会有存在感。当用户发来感谢的内容时，更加要人工回复。当然，对于一些每天的回复数量巨大的公众号而言，也不可能做到每天都人工回复。只是坚持做互动，哪怕只是回复一部分，长久下去，就会收获惊喜。

 ## 第四节　锁定品牌——注册一个有足够受众的公众账号

取名对于打造一个品牌来说至关重要。细心的人们会发现，当人们打开微信公众平台的首页，左下角会蹦出几个"成功案例"的官方推荐，其中第一个被推荐的案例就是招商银行。而招商银行的微信公众号就叫做"小招"，听起来是不是非常有亲切感呢。取名"小招"源自《倚天屠龙记》，里面"小昭"这个角色十分美丽、可爱又清秀，招行希望"小招"看起来像一个邻家小妹妹，这个小妹妹说话语气也很萌，给人感觉更有亲和力。

招商银行信用卡中心

1月24日 晚上22:43

您好！我是小招。为保证您的用卡安全，请先进行 身份验证 ，即开通以下功能：
1.三秒查账单 额度 积分
2.笔笔消费通知
3.信用卡"微"账单
4.还款日温馨提醒
5.他行卡还款免手续费
6.微信人工服务

  什么叫"有足够受众的公众账号"呢？这其中包含了两个方面，第一种是本身的品牌已经有足够的影响力了，比如像"天猫"、"豆瓣"、"央视新闻"这种不需要在公众号取名上再下工夫，受众就已经够多了的品牌；还有一种是创业型的品牌，想通过微信公众账号创业，那么就需要在取名上花点心思了。

  随着一些微信公众账号的火爆，有越来越多的人都希望能够参与到这个呈上升趋势的平台上发展。取名字向来就是一门学问，尤其是在互联网创业的话，还牵扯到了很多关于搜索排名等问题。好的名字第一就是好记；第二是好听，让人有好感；第三就是独特有个性，能够和同类产生差异化。只要遵循这几个基本原则，效果就至少不会很差。

申请注册微信公众平台，要注意的一点是英文的账号和中文的公众号名称，一旦注册了之后，就不可以再进行更改了。因此在注册之前，就要考虑到各方面的因素。

招商银行信用卡中心
微信号: cmb4008205555

功能介绍　　信用卡官方微信！秒查账单 额度积分，笔笔消费提醒。能办卡 开卡 查进度，快速账单分期，跨行还款0手续费，更有微信人工服务。已有800万人关注使用，信用卡移动服务领跑者！

微信认证　　✓ 招商银行信用卡中心官方微信

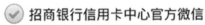

» 1.已经具备了一定的知名度的品牌或企业。

这样的微信公众号，就像前文所说的那样，在用户心目中已经有了一定的地位，名字也被用户所熟知，因此不需要再去加一些花哨的词汇，也不需要进行变动。而且一般具有一定知名度的品牌在腾讯微博也通常已经经过了认证。那么微信公众账号的中文名称就最好和腾讯微博已经认证过了的名称相同，这样便于通过下一步的微信公众号的认证步骤，比如"南方航空"、"大众点评网"等。

» 2.根据产品或内容特点来取名。

这种情况，一般都是我们已经有了一种产品，开通微信公众账号的目的是宣传、推广、销售这款产品，并且在我们的品牌还不是那么有名的时候，那么，就需要在公众号名字里面加上产品的类别名称，又或是行业名称，比如"XX服装"等。

还有一种情况就是，我们运营的微信公众号是订阅类型的，每天推送几条某个领域、某个特定方面的内容，比如减肥、美容、星座、养生、血型、性格、恋爱等这类相对比较热门的资讯，那么就非常有必要在申请注册公众号的时候，在名称里加上这些关键词。一来是容易记，让人一目了然我们的公众号是什么类型、什么内容、什么主题的；二来是比较让人容易搜索到我们。即便我们不去做特别的推广，用户随便搜搜关键词，就可以把我们找出来，这种名称的公众号每天通过用户的关键词搜索就可以增加相对稳定的订阅用户。

　　这里还有一个例子，虽然"浙江奥通"的微信营销很成功，但是当时他们在开通微信公众平台的时候，没有带上"奥通"两个字，这在后续的被搜索的概率上，让他们损失掉了一些订阅用户。好在对于浙江奥通来说，增加订阅用户不是最重要的，他们的公众号更多的是服务既有的客户。但是对于这种类型的行业，被搜索的概率还是比较关键的。

3. 英文账号要和中文呼应。

　　一般情况下，微信用户添加公众账号有五种方式：一种是在其他地方看到了这个微信公众账号的二维码，于是扫一下就关注了；第二种是突发奇想就想搜搜关键词，关注了；第三种是朋友圈或是别的地方转载了某个公众号发布的内容，我觉得这条内容不错，挺感兴趣的,于是就顺着点进去,关注了;第四种是通过搜索已经熟知了的品牌的公众账号,我想使用它的功能,或参与它的活动而关注;第五种情况虽然现在比较少了,但由于一开始微信加好友就是用的这种方法,所以现在也仍然有一些人习惯通过输入英文账号的方式来添加关注。

通过输入英文账号来搜索添加的情况,大多时候发生在用户通过关键词搜出来很多名称相似的公众号,不知道自己想要的是哪一个,于是对照英文账号来辨别自己想要添加的那个。因此,英文账号和中文账号需要相呼应,人们一般认为英文账号和中文名称比较统一的公众账号,看起来像是"官方"的。因此,在宣传公众账号的时候,最好是二维码、英文账号和中文账号都同时发布,可以主推二维码和中文账户,但顺带着写明英文账户,可以帮助用户辨别"真伪"。

») 4.公众号取名的几种思路。

想要做到既好记又有趣,既大众化又具备自己的个性特色,并不是一件容易的事。所以,可以从这些要素当中,挑选两个最为看重的因素，这个选择可以根据自己的产品特性或服务特点来判断。

比如"订酒店"，干脆不带品牌的名字，所谓简单力量大，这样的名字不仅在关键词搜索上占有绝对优势，而且好记。一般用户为了订酒店而去搜索，第一个就是它，那么添加关注的概率就相当高。用户在其他渠道，比如微博、豆瓣、人人等看到这个公众号的推广信息，哪怕不用笔记下来，过会儿也能记得它的名字。

不带品牌名称的，还有短句式也很不错，比如"一起记单词"、"英语每日一句"、"去哪儿吃"等，这样的公众号也很容易被搜出来，同时也很好记，因为十分符合我们平时的讲话习惯。

把功能直接放进公众号名字里的，比如"精选优惠券"、"微信路况"、"创意生活"、"生活小助手"、"旅游全资讯"、"宝宝睡前故事"、"妈咪讲堂"等这些都是一看名字就知道功能的公众账号。

第八章

"微"开发第二步
——创新资料，品牌吸引

第一节　头像就是形象，签名就是出名

不论是企业还是个人，注册申请了微信公众号，那么这个公众号就代表了我们的形象。用户通过扫描二维码或搜索公众号名称找到我们的公众账号时，对我们的公众账号的第一印象就是头像，接着会看到"功能介绍"，如果是已认证的账号，就还会看到认证信息。头像、功能介绍和认证信息就是用户对我们的第一感觉了。

这个资料页面就体现了一个公众号的定位。这些内容，一旦申请注册了，就不好再更改。名称是不能修改，而头像就像我们个人的面容，改了之后可能别人就不认识你了，有了陌生感之后，亲切感还要重新培养。

头像分为方形和圆形两种。我们在后台上传头像的时候，一般上传完方形的头像之后，圆形的头像会自动生成，如果对自动生成的圆形头像不满意的话，还可以通过单独上传圆形部分的头像文件，然后进行调整。

方形的头像是在我们推送消息的时候，显示在用户的订阅号或聊天列表里的。圆形的头像则是显示在资料页面，以及"通讯录"里。我们可以观察一下一些比较有名的微信公众号的头像，大多比较简洁、明了、清晰，识别度也比较高。用户在看了第一眼之后，就能够和品牌联系起来，也就是在提到品牌名称的时候，能够联想起头像是什么样子，就是一个成功的头像。

因此已经有一定知名度的品牌，不妨就直接用品牌的LOGO，用户识别度会比较高。如果是想要创业的人或公司，就需要认真考虑了。因为像给公众号取名字、设置英文账号、二维码设计、认证等都属于基础环节里的部分，一旦定位，就要保持风格，才便于长期的推广。

　　不过这都不是绝对的，比如"招商银行信用卡中心"用的头像就不是招商银行的 LOGO，而是"小招"的人物形象。笑容甜美的"小招"是不是很有亲切感呢？

　　微信营销始终都是要针对目标用户来做，那么这些基础环节的搭建，也是一样的原则。如果我们的目标用户群体是高端人士，那么头像就要做出高端大气上档次的风格。如果我们的目标用户群体是白领和学生，那么就要做出亲切有趣的风格。如果目标用户群体比较广泛，没有什么特别的针对性，那么对于普通大众而言，做出"亮眼"醒目、张扬个性的风格就会比较好。

　　对于个人来说，微信的头像会一直显示在和好友的对话窗口中，因此也要根据我们用微信是要做什么的这个目的，来设置自己的头像。如果我们的微信只是用来和朋友聊天，那想用什么就用什么；如果我们的个人微信是想用来做商业类型的活动又或是想建立一些人脉资源，那就要有点讲究了。

　　最简单直接的就是用自己的照片，这个照片最好使用近几年流行起来的"商务摄影"风格的。不是证件照那样死板，也不是那种看上去是化了妆又经过重度 PS 过的假假的照片，而是主要借助于灯光

拍摄出来的比较自然，同时也看上去也很有档次的照片。不少 CEO 的头像就是这种商务摄影风格拍摄的照片。这样的头像会给人一种值得信任的稳重感。

想让自己的头像在联系人里面识别率高，还有一种简单的方法，就是用自己名字或公司名字里的一个字。最好是比划简单的那个字，然后搭配简单的颜色背景。比如"炭岩科技"用了一个黑底白字的"炭"，在整版订阅号的头像里显得很突出，还有"豆瓣"的绿底白字的"豆"等。其实个人也可以尝试用这种形式的单字来当头像，在联系人里一定很醒目，也会让人印象深刻。但要注意的是，不能太花了，颜色最好不要超过三种，控制在三种以下，字数最多两个字，如果是三个字以上，就失去意义了。

对于个人来说，签名的重要性在前面的章节中已经介绍过了。现在我们来思考一下关于微信公众号的功能介绍和图文消息的底签如何利用。

功能介绍最好只有一句话，很少会有用户去认真阅读"功能介绍"的，别看只有三四句话，相信大多数用户都只看第一句，然后选择关注还是不关注。因此，我们要努力、尽量把功能介绍浓缩在一句话之内。一句话让用户关注我们。我们一直强调要提供对用户有价值的信息，用户才会持续关注我们。那么这一句话最好就是介绍我们能为用户提供什么对他们来说有价值的东西。

在网上逛论坛的时候，我们会发现很多人发帖回帖都会使用"底签"。有的是一句话自我介绍，包括自己的兴趣爱好或者想要推广的信息等。有的是一张图片，一张图胜过千言万语，可以包含很多信息，也可以展示自己的个性。我们有时候不记得发帖人是谁，也对头像没印象，但是底签的位置就在内容的下方，无意也会看到。如果我们总看到同一个底签，就会对这个底签的主人有印象。

在微信公众号推送图文消息的时候，也可以附带一个底签。同样，可以是一句话，比如"咋整"的底签就是"【咋整】你每天的移动智慧小猪手！"。还有"每天进步一点点"的底签是一张小小的图片（这张图基本上算作"好看的分割线"的作用吧）和功能介绍。

考虑到我们推送的图文消息会被用户分享到朋友圈等别的地方去，通过其他的渠道看到我们图文消息的用户在阅读完正文之后，往下看着看着就会看到底签。所以，底签也是一种推广手段，向还没有关注我们的用户简要介绍我们的公众号，吸引他们来关注。

说到头像，不得不说在微信曾经引发热烈关注的"长颈鹿头像"事件。起因是在微信的朋友圈和好友之中，流传着一个脑筋急转弯的问题：从前有一个房间，您走了进去，看到有一张床，床上面有两只狗，四只猫，一只长颈鹿，五只猪，一只小鸭子，还有三只鸟飞在天上，房间有多少只腿站在地下？答错了，用长颈鹿头像二十四小时！

答错了的人就换上了长颈鹿的头像，并且遵守约定保持 24 小时。于是在短短的四五天时间内，很多人都发现自己的联系人列表里面，出现了很多"长颈鹿"。据说传播的微信用户覆盖范围过亿。于是就有人问：为什么这样的情况在人人、百度、微博都没有发生过，而偏偏在微信就发生了？

类似这种脑筋急转弯的问题确实不是第一次出现，但是出现这种短短几天内就有那么多人真的答错了去换头像的情况，确实非常少见，应该说之前没见过。"玩游戏、接受惩罚"的这种形式原本就是在比较亲密的朋友之间容易建立。微信是一个相对私密的社交网络空间，微信好友大多都是关系比较密切的，因此也比较容易玩得起来。

这个事件一开始应该并没有什么商业企图，在短时间内引爆微信大概也是意料之外。于是，马上有人去注册了这个长颈鹿为商标，淘宝上也卖起了长颈鹿的手机壳。不过，有一部分人通过这个事件，看到了微信营销的另一种思路。原本以为类似"事件营销"的方式只适合像微博这种传播面比较广的平台，没想到微信竟然可以做得更火爆。

第二节 个性化服务——用户需求是关键

2013年7月3日，腾讯合作伙伴大会在北京召开了，在下午的分论坛上，快捷酒店管家副总裁朱坤表示"用户的需求才是最根本的。我们更需要考虑的是，怎么将产品和微信功能深度结合，给用户有趣、实用的体验，让用户也参与传播"。

腾讯公司高级副总裁张小龙曾表示"有一批第三方开发者和我们携手合作，开发出诸多精彩的服务，这些服务的创新，经常让我们感到惊奇和惊喜"。

在如今几百万的微信公众账号中，有一批小而美的微信公众账号，因其自丰富、快捷的生活信息垂直查询功能，一经推出就快速"捕获"了众网友的青睐。其中就不乏一些针对用户需求所打造的平台式服务站。2013 年，悄然地兴起了一些名为"无 APP 时代"、"后 APP 时代"的理念，可能我们的手机里有几十个，甚至是上百个 APP，但是我们最常打开的就是其中少数几个"超级 APP"：微信、新浪微博、淘宝、百度地图、UC 浏览器等。这些超级 APP 通过开放接口，聚合大量第三方的服务演变成为平台，用户只需要打开这几个超级 APP，就可以完成大部分日常需求。相对而言，很多功能单一的垂直类应用逐渐走向萧条，在手机里备受冷落直到被用户无情地删掉。

⟩⟩ 1. 出门问问。

我们平时如果想要出门吃饭，或订酒店房间，第一个想到的就是到网上输入关键词进行查找。如果我们输入"奥特莱斯里面有肯德基吗"或"地铁 2 号线旁边的快捷酒店"等问题，在网上搜索出来的答案往往是模糊的。然后我们还要根据搜出来的结果，再进行更精准地搜索，可能要搜几次才能找到我们想要的信息。

微信公众账号里面有个叫做"出门问问"的公众号,就让这样的过程变得十分简单、便捷。比如说,我们对"出门问问"微信公众账号发送一条语音的信息,内容是"请问我在北京地铁 2 号线的XXX 站下车之后,在哪里住比较方便,标准间要在 100 元左右的"。这条语音信息看起来似乎有点复杂,可是出门问问可以识别出这个问题,然后根据商区、价格、房间类型为用户精准搜索出所需信息。

　　当然不止是查询酒店这一个功能,"出门问问"的服务范围还囊括了旅游、周边信息、交通、优惠券、快递查询、手机归属地等全面的生活场景,认知用户多方面需求,提供精准服务。用户只需要简单的语音,就能获得相关信息,与日常生活息息相关的问题全都可以轻松解决。这个公众号真是名副其实的"出门问问"。

》)) 2.快捷酒店管家的航班管家。

快捷酒店管家副总裁朱坤介绍说"我们发现有些用户爱拍登机牌，会发送'我马上要起飞了'之类的信息。根据这个需求，我们做了一个功能叫'拍登机牌识别航班'。这个功能，就是用户拍下登机牌的照片之后，把这张照片发送给'航班管家'，然后就可以获得该航班的航班动态提醒"。

》)) 3.百世汇通。

我们平时发了快件之后，就会一直牵挂这个快件到哪里了。虽然现在有很多手机应用都可以用来查询快件的动态。但是，微信里的'百世汇通"公众号就根据微信的LBS特性，开发出了取件和派件预约功能。同时，还可以进行跟踪包裹信息的操作，比如，我们用微信扫描了一个快件的条形码之后，那么这个快件的每一次移动，都会有新信息推送到用户的微信上。

4.V 租房。

一说到租房，大部分人第一想到的就是中介，把需求告诉中介，他们有合适的房源就会通知客户。不过烦恼也会随之而来，只要你在某家中介登记了信息，就会有源源不断的电话打进来，甚至在租到房之后几个月还不中断，备受骚扰。"V 租房"就是一个基于微信公众平台开发的租房类服务应用。关注了"V 租房"之后，选择"我要租房"，就进入了选择区域的界面。根据自己的意向选择地址和期望的价格之后，还可以选择户型结构，点击确定就可以了。很快就会收到符合条件的反馈信息，在"V 租房"平台里，还可以选择直接给中介或房东打电话联系。

这种租房的形式和传统的中介很不一样，在社交媒体的新时代给租房者和中介提供了一种新的信息获取方式，比传统的电话、报纸、网页和垂直类应用更加有效准确地匹配房源和租客的需求。"V租房"创始人李燕宁表示"简约但不简单是我们一贯的追求。在这个信息极度膨胀的年代，怎么样让人们通过最简单的方式获取最准确的房源就是我们开发 V 租房的初衷"。

这些个性化的服务都是根据用户需求开发出来的，折射出了微信的无限可能的价值。紧跟用户需求，提供有趣、实用、互动、便利的服务，是小而美微信公众账号赢得用户口碑的共同点，这也是微信团队规划的公众平台精品化战略的主要内容。

微信产品部助理总经理曾鸣还表示"我们希望每一个个体、每一个企业、每一个组织、每一个机构，都能在微信公众平台上找到自己的点，然后让这个点触达到几亿微信用户，依托这种模式，让我们的沟通在某个层面取得一些革命性的变化。微信是一个完整的平台，鼓励中小企业加入进来，从用户需求中获得服务方向。希望用户和企业在微信公众平台达成双赢：既能获取价值、服务、效率以及我们非常推崇的创新体验，还能享受微信公众平台带来的一种全新生活，更加便捷也更有质量，这也是未来移动互联网带来的一种畅想"。

原本只是作为一个聊天用的通讯工具，微信却出乎人们意料地逐步走上了一个平台系统的道路，并且目前看来是非常成功的。有人说微信拿到了船票，马化腾说不是船票，只是站台票。李开复说："我也认为微信不是船票，而是船。"紧接着有人发表感想"微信是一艘航母"。

现在在微信这个平台系统里，可以在线支付购买麦当劳，可以通过微信在线打车，可以查询天气、电视、笑话甚至点播节目，可以在线翻译，可以学英语。在不久的将来，相信微信能够把你能想到的都实现。

第三节 回复就是幸福——关键词要机智添加

　　微信的用户点开微信，目的是为了沟通，和朋友、家人联络，和微信群里的同学、同事联络，为了发朋友圈汇报近况，为了看朋友们的近况等。微信对于普通的用户来说，是一个有感情的地方。在微信里，什么时候会感到幸福？发到朋友圈的照片有人点"赞"的时候会感到幸福，和朋友聊天诉苦得到安慰的时候会感到幸福，听到父母长辈发来"又给你寄了你爱吃的XXX"的时候会感到幸福。那么在微信公众平台上呢？那就是我关注的公众号回复我的时候，当然是人工回复，并且语气亲切可爱的时候。当回复内容满足我的需求，提供给我想要的内容的时候，也会感到很高兴。

微信公众平台的"自动回复"功能，真的是一个让人可以发挥无限创意的空间。

首先，它帮我们解决了打招呼的问题，比如杨幂的六秒语音。其次，不是所有资讯都适合强制推送，当要发布的消息不是大众喜好时，设置关键词可以让用户自行获取消息，避免了骚扰。最后，自动回复的设置，加入创意，就是一次活动，比如1号店的"我画你猜"互动活动。

自动回复的设置，可以优化用户体验，达成内容沉淀。自动回复的设置，可以大量减少人力，也可以很有趣，很实用。自动回复现在主要分成了两大类：第一种是机器人的应答，俏皮地回复一些日常问候，强调趣味性；另一种是具有实用性的信息导航，强调功能性。这两者如何协调比例，就要根据我们的目标用户类型，以及我们所要达到的目的来调整了。

或许有一些运营公众账号的管理者认为提供机器人聊天，就是和用户的互动。可是，正如前文所说的，用户在微信里有一种自然而然的情感需求，不想和冷冰冰的机器对话，因此哪怕不能一一回复每一条留言，但至少可以选精华用户问题进行人工回复吧。想想看，如果第一次是机器人回复我，第二次是机器人回复我，就没有第三次了。水不流动就会变成死水，公众账号没有活跃度就是一个死号，没有任何价值。

我们好不容易吸引来了用户，但这只是第一步，是基础，吸引来用户，还要用好的内容和互动把用户真正留住，而这是一个相对长期的过程，但也有一些技巧可循。

较为有效的互动有以下四种。

①语音。发一段语音，回复语音中的两个文字，可以看到一篇好文章。

②测试游戏或调查问卷。比如发送一张明星小时候的照片，然后让用户来猜这是谁。

③用户投稿。提出一个主题，比如"我家的历史"，鼓励用户投稿讲故事，然后在往后的推送内容中进行连载。

④最简单、最有效的就是对用户的留言进行回复。做好精准的关键词回复功能，这样能指导读者，通过什么样的方式更加了解你本人和你的企业，获得读者的信任。要重视互动，因为它不像微博，可以吸引大量的人转发和评论，只能通过与顾客的沟通来取得顾客的信任。想和订阅用户创造更多的沟通机会，就要问用户更多的问题。问一问用户喜欢什么时间接收内容，希望读者多提意见等。不要忙于每一天推送大量的内容给潜在客户，创造可以跟用户沟通的话题。要知道所有价值都来自沟通，推送再好的内容，不如跟用户认真细致地沟通一次。

媒体网站会尽量移除个人风格，但这却恰恰是个人运营的公众号最大的特色。告诉他们你个人的想法、状态等，这样用户感觉到呈现在自己面前的是有个性的人。这个时代的用户和消费者比以往任何时候都渴望得到认可。这也是为什么像海底捞、黄太吉、三只松鼠坚果等越来越多商家因为卓越的体验而成功。我们完全可以顺着这个潮流和趋势，在这个大家都厌倦了类似"谢谢您的参与"这种冷冰冰的官方语法的时代，"亲，有什么可以帮您"这么火就有它的理由。

微信公众平台与其他渠道最大的不同就在于，这是一个需要"多互动，少推送"的营销平台。尽量让用户多主动获取，而不是推送内容。设想一下，是对于主动去获取的内容吸收的程度更强，还是对于被动获取的内容吸收程度更强？拿出诚意，服务好用户，做好我们该做的，结果是自然而然产生的。绝不会出现，从来不维护，然后某天搞活动效果还特别好的结果。

微信更大的价值在于客户管理，可以从微博、SNS、线下沙龙等各个渠道收集到忠实粉丝，再进行核心用户管理，每天聊天互动之类的，达成朋友关系后，通过口碑的方式，把你想要传达的信息借他们的口传达出去。

第四节　认证就是鉴证——给自己建立一个良好的信誉

目前微信公众平台账号已经有了几百万个，各种各样的信息五花八门，作为一个普通的微信用户，有时候很难一眼分辨出这些微信公众账号的质量好坏，并且还有一些是趁着这股微信热潮来浑水摸鱼的"山寨"账号。

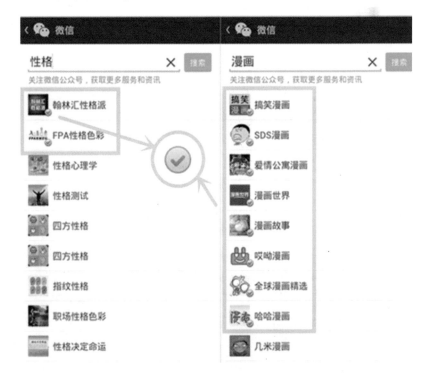

细心的用户或许已经注意到了，微信公众账号也有类似新浪微博"V"的一个特有的认证标识。获得这个认证标志之后的好处主要有三点。

①微信的用户在搜索相关的关键词时，已经经过了认证的公众号就会排在比较靠前的位置。同类的公众号，排在前面的肯定要比排在后面的订阅用户数要更容易获得用户的点击和订阅，而且用户也都习惯性地认为排在前面的公众号更符合或接近自己想要搜索的结果。

②现在看来，认证的公众号还并不是很多，那么在这种情况下，大多数的微信用户必然就会认为有认证标志的公众号更权威，是"正版"，当然也就会更愿意关注带有认证标志的公众账号。因此我们要认证就要趁早，只要我们具备认证的条件就尽快地进行认证，这样增加订阅用户数的速度就会加快很多。

对于企业和品牌来说，信任度非常重要，而微信认证就是给我们的账号"镀金"，价值立刻就提升了。

③通过微信认证的服务号可以获得更加丰富的高级接口，有了这些接口就可以向用户提供更有价值的个性化服务。

要获得这个认证标志有几种途径，第一种是通过腾讯微博来进行认证，第二种则是微信公众平台为了确保公众账号所申请注册的信息的真实性和安全性，提供给微信公众服务号，以及政府、传统媒体、明星等非企业类型的订阅号进行微信认证的服务。微信公众平台申请微博认证是免费的，申请微信认证则需要一次性支付每次300元的审核服务费用。

第一种通过"微博认证"的方式比较适合个人的公众账号。只需要具备两个条件：一是公众账号的订阅用户达到 500 人；二是拥有腾讯微博的认证微博账号。需要注意的是这两个条件要同时符合才行。

第二种"微信认证"虽然是付费的服务，但是相对而言要权威一些，更加适合企业。

从 2013 年 12 月 24 日开始，微信公众平台就开始启用了全新的认证体系，暂时支持所有的服务号，以及政府、传统媒体、明星等非企业类型的订阅号申请，认证费用每次 300 元，一年有效。通过在微信公众平台的后台的"设置"或"服务"功能的板块点击进入"申请微信认证"。

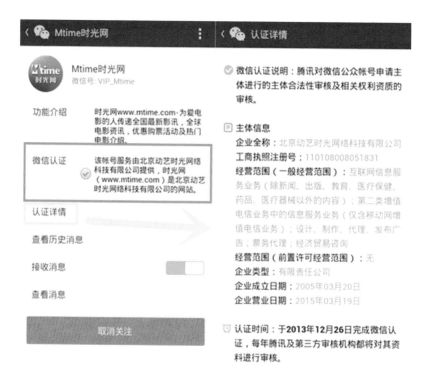

微信公众平台为了确保接入的服务号所属的企业或机构是合法的，同时也为了更加详细全面地审核企业或机构的资料，引入了第三方专业审核机构来进行审核。这些第三方机构将会通过工商局等部门核实企业或机构的合法性，并且还会联系企业法人或负责人来对

申请的资料的真实性进行确认。因此需要向提交申请的微信公众号收取一笔审核服务费，这笔服务费按照次数来计算，也就是说不论最后认证成功还是失败，这个审核的成本是无法避免的，因此按次数收取。

认证成功后的有效期是一年，到了第二年还是按照相同的流程进行年审，并收取同样多的一笔服务费。

第九章

"微"开发第三步
　　——精通功能，信息传播

第一节　植入性广告——查看附近的人

在微信营销中，有一种成本很低，但是捕捉目标用户很精准，效果也很不错的方式，那就是"查看附近的人"。原本查看附近的人是微信里的一种查看附近有些什么人也在用微信的交友功能，但是用在某些行业领域，却有很好的效果。

| 微信 | Q | + | ⋮ |

| 聊天 | 发现 | 通讯录 |

- 朋友圈
- 扫一扫
- 摇一摇
- 附近的人
- 漂流瓶
- 游戏
- 表情商店

» 1. 方式。

用户点击"查看附近的人"后，可以根据自己的地理位置查找到周围的微信用户。在这些附近的微信用户中，除了显示用户姓名等基本信息外，还会显示用户签名档的内容。所以我们可以利用这个免费的广告位为自己的产品打广告。

需要注意的是：不仅是要在签名栏写好广告词，最好是要把微信的头像、昵称和签名栏设置成一整套有关联的内容。比如头像是店铺的招牌菜或门上的招牌，昵称是店铺名称或特色商品的名称，签名档是优惠信息。这样可信度比较高，给其他看到的微信用户留下的印象也会比较深。

2. 优点。

可以使更多陌生人看到这种强制性广告，很有效地拉拢附近用户，方式得当的话转化率比较高。尤其是对于一些位置不是很理想的店铺来说，是一种很有效的方法。

3. 缺点。

覆盖面积有限，毕竟是"附近的人"。如果是需要大面积宣传的商品或品牌，想要弥补这个缺点的话，有一种方法是带着手机前往多处人群密集的繁华街区，打开"查看附近的人"的功能。当然这个工作也可以交给专业的微信营销团队去做。查看附近的人越多，达到的宣传效果就越好。

4 适用。

①"查看附近的人"最适合的是一些地理位置不佳的实体小店，比如小餐馆或小便利店、文具店、格子铺、快捷酒店、水果采摘等。在签名栏写上店铺的特色或打折优惠活动，可以吸引到一些有好奇心或正好想吃饭的人。就算当时没想去，但是看到附近有自己没去过的餐馆或小店，也会比较注意。有的人会打个招呼添加为好友，日后去消费，有的人会记住店铺的名字和特色，以后路过会更加留心。

②招聘、求职。一些临时需要人手的工作，不妨试试"查看附近的人"，招聘的可以在签名栏写上职位、薪资、工作内容等，求职的可以写上特长、希望的职位等。在一些工业园区或开发区，现在有不少人都在用这个功能招人和找工作。

第二节　品牌力"散养"——漂流瓶中大学问

微信的陌生人交友功能有"查看附近的人"、"摇一摇"和"漂流瓶"。这三者善加利用，都可以成为对我们有利的工具。不知道大家发现没有，喜欢使用"摇一摇"的大部分都是男性，这源于摇一摇这个动作，以及"喀嚓"的来福枪的音效对男性有着吸引力。而"漂流瓶"则更受到女性用户的欢迎，因为扔瓶子和捞瓶子的动作非常"浪漫"，有一种"命运"和"缘分"的感觉。

在了解功能的受用人群之后，我们就能够选择更为精准的营销方式。既然"漂流瓶"有着如此浪漫的特质，那么就比较适用于一些柔和的品牌推广活动。

1.方式。

①扔一个：可以发送语音或文字信息"扔到海里"，捞到这个瓶子的人就可以回复信息，展开对话。

②捡一个：与"扔一个"相对，在海里捞一个别人扔出来的瓶子，查看瓶子里的信息，如果感兴趣就可以展开对话，不感兴趣可以再扔回海里。

2.优点和不足。

覆盖人群是随机的，使用方便简单。不足之处在于每天每个人只能扔 20 个瓶子，同时也只能捡 20 个瓶子，数量上有限制。不过如果有资金实力的话，可以和微信合作。通过微信在后台的调整操控，可以使商家的漂流瓶在某一个时间段之内被大量的用户捞到。

当然，为了避免用户对纯广告的信息感到困扰，使品牌形象受损，我们还可以附加一些有趣的互动内容，让广告不那么生硬和野蛮。比如，用户捞到瓶子之后，只要关注扔瓶子的账号，或回复这个瓶子，就可以有机会获得一定的奖品，又或是参与到慈善公益活动之中。添加了互动的元素之后，用户关注和参与活动的积极性会大大提高。

漂流瓶的内容形式多种多样，其中有几种比较常用，效果也较好的形式。

①慈善活动。最有名的案例要数招商银行的爱心漂流瓶活动了。通过"小积分，微慈善"的口号吸引了很多人的关注，对于慈善活动很少有人会感到厌恶，关注度和参与度都很高，对招商银行的品牌形象也起到了很大的宣传效果。

②抽奖。方法也很简单，用户捞到瓶子之后，回复相应的内容，或关注账号，就可以参与抽奖。为了提高中奖率，可以设置一些轻型的奖品，比如话费充值卡、折扣优惠券等。

③讲述品牌故事。把品牌文化融合到一些简短有趣的小故事当中，捞到漂流瓶的用户在看故事的过程中就自然而然地接受并了解了品牌。

第三节　折扣大串联——基于O2O上的"扫一扫"

在微信上做折扣优惠的推广，也有很多种形式可以利用。除了普通的关注账号、分享到朋友圈、回复相应内容、签到打卡、竞猜等互动形式之外，还有一种新兴的折扣推广形式——"扫一扫"。尽管二维码诞生已经有不短的历史，但是绝大多数情况都是被用来链接一个网址或简单的名片、简介资料等。随着人们对二维码开始熟悉起来，微信乘着这个二维码的潮流，提供了"扫一扫"的功能。

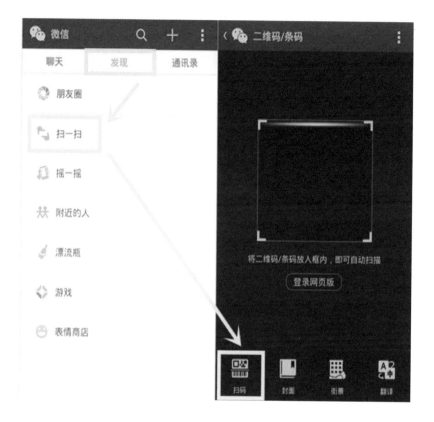

　　二维码是移动互联网的一个入口，并且这个入口的发展前景也非常乐观。如今我们的生活中随处可见二维码的身影，地铁车厢内、公共汽车的车身上、电梯的海报、餐馆的菜单上，都可以看到各种各样的二维码。这些二维码大多也都写着"扫一扫有惊喜"等促销、折扣的信息。

　　一开始微信的"扫一扫"仅有添加好友的功能，随着商业发展的需要，微信的"扫一扫"涉及的面也越来越广，可以扫描条码、二维码、CD、书籍、电影海报的封面，还可以扫描街景、定位导航，甚至还可以扫描英文单词进行即时翻译。扫描商品条码之后，微信还会为用户进行各种购买平台的比价。

商品详情			商品详情	

涡虫
[日]山本文绪

豆瓣

内容简介

涡虫（五月天阿信感动推荐，山本文绪直木奖作品,附赠繁花和风书签一套）,[日]山本文绪著，李洁 译,南海出版社,9787544259927

豆瓣书评	8.0分

购买

QQ网购	17.5元
亚马逊	17.9元
当当	15.0元

Burberry博柏利英伦迷情香水30ml(进)

亚马逊

购买

易迅	318.0元
当当	155.0元
聚美优品	229.0元

　　企业可以设置属于自己的二维码，再通过折扣优惠来吸引用户扫码，这就是基于O2O上的扫一扫营销形式。用户只要扫一扫就能获得商家的会员卡，扫一扫就可以参与抽奖，扫一扫就可以享受个性服务……而公开二维码的途径也是多种多样，目的都是为了吸引用户的注意，最终达到销售或推广。

　　对于实体经营的餐馆、美容美发、咖啡厅等店铺，可以直接把二维码做成桌贴放置在桌面上，又或是在收银台处安放二维码的展示摆件。这几个地方都是消费者必定会看到的位置，有利于吸引他们来扫描。对于个人来说，可以把二维码印在名片上，这是最简单有效的一种方式。

　　由于扫描二维码是一个需要用户主动去做的动作，因此至少可以证明扫描了二维码的用户都是对我们的商品或服务感兴趣的人。也可以说，通过扫描二维码成为关注者的用户都是十分精准的潜在用户。就目前而言,对于用户来说,促使进行"扫二维码"这个动作的最大驱动力是好奇心。因此,我们在放置这些二维码的时候,不能单单就打印个二维码而已,而是要进行适度美化,再配上吸引人的广告词。二维码营销做得好的品牌,都是很会包装二维码的品牌。而扫描了二维码之后,紧接着一定要有一定的利益驱动,这样才能留得住用户。这个利益驱动指的就是折扣、优惠、奖品等。

 ## 第四节 营销全互动——晒一晒大家的朋友圈

想通过微信创业的人或公司,或许都听过几个有名的微信创业传说,比如朋友圈卖枸杞月流水做到了 120 万,朋友圈代购月入几十万等。于是,我们看到这些数字就会有心痒痒的感觉,幻想自己要是做微信朋友圈的营销,一定也能够做成这样。这些成功案例,我们暂且放在一边,毕竟那只是几个数得过来的"传说"。想要利用朋友圈做营销,首先我们要了解朋友圈是个什么样的制度,以及目前朋友圈的营销环境怎么样。

微信的朋友圈,顾名思义,是一个朋友之间的圈子。我发在朋友的内容,只有我的微信好友可以看到,不是我的微信好友就看不到。并且,我朋友圈的动态下面的点赞和评论,只有相互之间是微信好友的人才可以互相看到,不是互为微信好友的人就看不到。

这就是为什么微信的朋友圈会这么受欢迎的原因之一,我可以和我不同层次、不同领域的朋友们保持一个平行的、互不干扰的交流、分享空间。这也同时意味着,这个朋友圈里面的关系是相对稳固和密切的。

这样看来,朋友圈真是一块营销的宝地。但是,也正是朋友圈的这种独特的制度和环境，所以我们在这里面做营销，就更要慎重，不能完全照搬和套用别的平台和渠道上的营销方式。从最初开始，比较早的涉足朋友圈营销的一批人，或许成功率相对比较高。可是现在环境发生了变化，任何事物都在一个动态的变动当中。如果现在我们还是按照当初那种在朋友圈狂发广告的方式来进行营销，一定会被朋友们屏蔽的。这样一来，不仅生意没做成，朋友之间的感情也被透支了。渠道和工具会根据使用它的人不同、使用的方式不同，而产生不同的效果。

首先，我们要明确一点，不是所有的人都适合做微信朋友圈的营销。有几类人就比较适合。

①本身就是拥有小型的实体的经营者。这类人适合做朋友圈营销的优势在于，第一，有货源渠道，心里有底，有实体有基础，就算朋友圈短时间内业绩上不去也不着急；第二，朋友们都知道你本来就是做生意的，在朋友圈晒晒自己店里的产品，或是讲讲在做生意时发生的趣事、感人的事，这些朋友圈内容就像是在讲述自己的生活，很自然、很随意，不会轻易地引起朋友们的反感；第三，有同类行业的朋友关系网，或产业链的朋友关系网，朋友有需要的时候，会想到你。

②刚开始创业的人。微信朋友圈创业几乎没有什么成本，需要投入的资金相对较少。而且风险不大，因为投入小，所以就算有天不做了，也不会有什么大的损失。建议在创业初期，多利用朋友圈积累人脉资源，卖东西倒是可以放到其次的位置上。如今创业机会有很多，而且新型的创业形式也会越来越丰富，我们可以一边先做着朋友圈的营销，一边为自己物色更好的创业机会。有不少人把朋友圈营销也只是当成一个锻炼自己、积累人脉资源的跳板，真正要做事业的话，还是需要一个沉淀的过程。

③自由职业者。对于自由职业者来说，重要的不是可以随心所欲地去做自己喜欢的事，而是至少可以不用去做自己讨厌做的事。因此

心态会比专门做营销的人要平和得多，不会那么急功近利。朋友圈的环境和氛围，就是需要这种心态。大家聊聊天、晒晒照，就把东西卖了，朋友也交了。非常适合做一些自己用过或吃过、体验过，感觉很不错的产品。并且自由职业者一般都有几个志同道合的兴趣圈子，这种兴趣圈子里的氛围就很好做朋友圈营销。

④兼职。白领、主妇、学生等就算是兼职人员，也就是不要把微信朋友圈的营销当成本职工作来做，这样的人也很适合做朋友圈营销。我们会发现很多成功的案例就出自这种类型的人。这是为什么呢？归根到底还是微信朋友的特性决定的，一个相对私密的空间，一群关系密切的朋友，于是做生意最重要的第一大基础——信任就很牢固。白领、主妇、学生的生活和工作重点都不是放在朋友圈的营销上，这就是这类人最大的优势。做兼职，就不会花太多的精力盯着这一块，就不会表现出急功近利，自然就显得真诚。没有什么比真诚更打动人，所以往往无心插柳柳成荫了。

下面我们来看看在微信朋友圈，适合做哪些类型的产品。

①熟悉的产品。戴志康说微信有一个"关系链"的理念。也就是，当我们想要买某种产品的时候，我们有几种选择和决策的途径、方式。一是上网搜索相关的信息，然后进行对比分析，结合自己的情况来决定买哪种、在哪儿买；还有一种方式是观察身边的朋友，或询问周围的人，他们用的是哪一种，在哪里买的，由此来决定自己买哪种、在哪儿买。

微信朋友圈就可以把这种关系链所产生的利益链条价值发挥出来。因此如果要做朋友圈营销，就最好选择我们自己最熟悉的产品来做，当然也可以是服务类的。比如我非常熟悉数码产品，平时可以在朋友圈分享一点自己的心得体会，这样在朋友们的印象中，你是一个很懂这方面产品的人。然后偶尔发一点代购或者二手的信息，朋友们就可以自然地接受你的推荐，并乐意听"专家"的介绍。聊着聊着就把东西卖了。比如我曾经学过儿童心理学，那么就可以发布一些关于亲子教育类的资讯，然后自然地透露自己正在做这类项目的兼职等信息。

总之，做自己最熟悉的产品，最容易做，也最容易被朋友们接受。

②竞争少、有需求的产品。如果能够同时符合这两条当然更好，不过这样的产品很难得，我们还是尽量选择要么竞争少，要么需求大的产品。竞争少的产品很好理解，就是别的地方很难买到的东西，你可以搞到。如果在朋友圈到处都可以买到的鞋子、衣服，会被嫌弃的。但是新、特、奇的产品就不一样了，比如某个地方的特色产品，网上也很少能买到，实际的功能和效用或许不高，但是足够新奇和独特，能够引起朋友们的好奇心，愿意尝试的产品也很不错。有需求就是不是那种卖一次就卖不动了的产品，至少可以让朋友们用了之后还愿意第二次、第三次持续购买下去的产品，又或是自己用了也愿意分享给其他人的产品。

③质量高、价格高的产品。朋友圈毕竟不是淘宝店，是一个基于熟人或越来越熟的人的圈子，这就意味着圈子里的人相互之间都有一个信任度的问题。信誉和信任都是不能拿来浪费的，必须要认真对待。既然我们又想赚钱，又不想伤害朋友，那么质量高、价格高的东西也很适合。首先产品质量要过自己这一关，自己都没觉得好的东西，就不要拿到朋友圈去卖了。其次，毕竟我们做朋友圈营销靠的不是量，而且如果靠量来赚钱，也会把人搞得很疲惫，朋友关系也会变得尴尬。我们可以物色一些市面上价格本来就比较高的东西，或者是很少见的东西来分享。

最后，晒朋友圈有一点一定要注意，那就是把握好"度"。就像文中一直强调的，做朋友圈营销一定要自然，要用朋友们可以接受的方式来进行。

第十章

"微"开发第四步
——提升影响，拓宽客户

第一节　兼行并施——两个账号齐头并进，大号小号共同"致富"

在微博上，大号带小号或小号带大号的营销策略很常见，那么在微信这个平台上又如何呢？由于微博和微信毕竟还是有很多不同，传播方式、关注和订阅方式、社交网络的环境性质等都不一样，因此我们不能照搬微博营销的那老一套用到微信上来。在微信营销的价值开发方面，也有两个账号进行联动，发挥更大价值的组合策略，并且有多种组合方式，不同的方式适合不同规模的企业或创业者，也可以根据我们想要达到的不同目的来选择更合适的双账号带动策略。

1. 两个微信公众号：订阅号 + 服务号。

这种模式最适合具有一定规模的品牌和企业。既需要宣传、推广，同时也需要维护、服务已有的老客户。

微信 5.0 版本升级之后，把公众账号分为订阅号和服务号，订阅号每一天都可以发一条消息，适合做新顾客的开拓、培养新顾客、促销产品，为企业创造大量的利润。服务号每一个月只能发一次消息，适合用来服务老顾客，因为老顾客已经体验过产品的好处，只要服务好老顾客，顾客就会重复跟企业购买产品，不需要推送大量的促销信息。

新客户对企业的文化、产品和品牌还不熟悉，或者说还不够信任，因此我们需要通过订阅号来获得新客户的好感，同时为了避免新客户把我们忘了，还需要通过订阅号来"刷存在感"。不过需要注意的是，微信升级 5.0 版本之后，订阅号就被折叠到了二级页面，这就意味着如果我们订阅号里面推送的内容不足以吸引订阅用户，那么用户就不会点开看，不会点开看就意味着企业想要进行宣传和推广的目的无法实现。因此，订阅号的内容一定要有价值，这个价值不能仅从企业的角度出发，而是要站在用户的角度，我们推送的内容对用户有没有价值，有价值用户自然就会点开看，点开看了自然就会无形中接收到企业想要传递的信息。

比如汽车行业，就有不少有两个微信公众号的。一个订阅号用来推送一些与汽车相关的有用的知识，并在适合的时机举行一些有奖互动活动，用户收到阅读之后，感到对自己有价值，就会收藏、转发，这就是一种品牌的传播。另一个服务号就用来尽心尽力地服务老客户，比如预约保养、修车咨询等。服务号就是平时静静地待着，用户有需要的时候"挺身而出"解决问题。

» **2.两个微信账号：个人微信号 + 公众订阅号。**

对于规模不大的中小企业或是个体经营商家来说，没有必要开通两个公众账号。当我们的客户群体还不是那么多的时候，开通服务号类型的公众账号对资源也是一种浪费。毕竟公众账号是需要人力、财力进行维护的。既然如此，我们不如就踏踏实实地做好一个公众订阅号，把重点放在品牌或产品的传播上。

其实我们不要小看个人微信号。细心观察就会发现，我们身边越来越多的人慢慢地不玩微博，而是转移到了微信上来。微博刚开始兴起的时候，个人在微博上发自己的动态觉得新奇好玩，但是粉丝、关注者大多数都是陌生人。就算是吸引了一批和自己有共同兴趣爱好的人关注，但是我们发与兴趣相关的内容还会有几个人回应，如果是发自己生活的内容，估计就很少有人问津了。微博发展到了现在这个阶段，是营销大号和明星号的天下，普通人很难在微博找到存在感。而微信的朋友圈之所以能够吸引这么多个人来发动态，就是因为在微信里发自己的心事、家里的事、身边的事，有认识的人回应，这种被人关心着的感觉非常好。而且我们在微博上或许关注了几百个账号，但是并不是这几百个账号发布的每一条微博我都会看到。而微信的朋友圈，基本上朋友发的内容都可以看到。

因此，我们可以充分利用我们的个人微信号在朋友圈的存在感来带动我们的公众大号。当然带动的形式也不能太粗暴了，如果是生硬地发广告、拉朋友来关注，只会适得其反。我们要了解人们的一种心理，就是如果一上来就让他加一个陌生的公众号，可能并不会去加，因为第一不知道这是个什么类型的、什么内容的公众号，第二公众号第一感觉会让人觉得这是在营销。所以，我们可以先用自己的个人微信号去添加好友，在朋友圈发布一些有趣的内容刷一下自己的存在感。等这些个人微信号的朋友们对自己有了一定的了解之后，再推出公众号，这时候关注的概率就会高很多。

而且，如果一开始就粗暴地去推公众号，还很有可能让别人对这个公众号的印象打折。而我们用个人微信号去推广大号的时候，就算别人不愿意，顶多也只是小号的损失，对大号的形象不会有什么影响。

如果我们要做的是地域限制了的生意，那么用个人微信号"查看附近的人"可以获得有效的目标用户，然后再将这些用户引导到我们的微信公众平台上来。

3."双微"战略：微博账号 + 微信公众号。

说到大号小号联动，很多人第一想到的估计就是这个"双微"战略。这种战略最适合在微博具有一定规模和影响力的企业或品牌。当粉丝对微博大号已经熟悉，并有了好感度之后，通过微博大号来推广微信的公众号，这个转化率是比较高的。

不过，也有不少微信公众号之前没有微博大号作为基础。如果是这种情况，就可以请微博上的大号帮着推广。

有些企业有微博账号，但是粉丝还并不是很多，影响力也不够，也可以通过借助具备了一定影响力的微博账号来进行助推。比如拿出一点活动成本来，通过"加微信有福利"的活动来吸引一批订阅用户到微信公众账号里。再通过这一批种子用户，利用微信营销的手段逐步扩散影响力。

有数据显示，从新浪微博开通至今，其注册用户已经超过了 5.36亿，每天微博的刷新量超过 1.2 亿，用户的浏览时长超过 60 分钟，企业微博注册蓝 V 用户超过了 32 万，企业微博的人均浏览量超过 3200 万，微博正在成为企业非常重要的一个营销平台。而截至2013 年 11 月，微信用户数达到 6 亿，平均每个人关注微信公众账号 10 个，微信通讯录平均每个人是 55 个，这些已经显示了微信是一个黏性很高但是是以朋友圈为主体的营销平台，金投赏创始人贺欣浩认为"不同通讯录的结构，代表不同的社会阶层，这就是营销的切入点所在"。

飞博共创 CEO 尹光旭形象地比喻到"微博就像一个饭馆，微信就像一个厨房"，出去请大家吃饭是微博生活，在家里和自己人吃饭是微信生活。他还说到，尽管现在微博的活跃度有些下降，深度交友沟通都移动到微信上，但是微博依然有很好的品牌营销效果。

伊利品牌管理中心总经理李丹则认为，"社交媒体是不是带来业务增长，很多人还是有问号，很多东西都应该是联动的，电视与社会化媒体的联动，例如 CCTV 播音员现在都在新闻联播最后提醒关注微博、微信和客户端的账号，联动是可能的"。

这些说法，其实已经说明微博和微信不能完全对立来看，这也回应了营销圈中很多人认为微信会替代微博的看法，对于企业而言，真正洞悉微博和微信的优势媒体属性进行传播才能给企业带来价值。

4. 腾讯家族系列：QQ 号 + 微信个人号 + 微信公众号。

虽然这个方法看起来有点"笨"，但也有一定的效果，操作起来很简单。注册几个 QQ 小号，开通 QQ 空间、邮箱、腾讯微博，当然也一起开通微信号。然后通过查找群的方式来搜索我们的目标用户。比如，我是做教育培训的，那么我就去搜索和教育培训相关的QQ 群。每个 QQ 小号都可以尽量多加群。通过群主的审核之后，要在群里共享一些与我们行业相关的有价值的资料。同时可以在这些资料里不太显眼的地方留下我们的微信公众号二维码或公众号账号名称。

当然在 QQ 空间和腾讯微博等地方，也要适当地更新一些行业相关的感悟心得等，顺便留下个人微信号。接下来，我们需要做的是和群里的目标用户打打招呼、聊聊天，然后把 QQ 群里的目标用户通过"批量导入"的功能一起加到 QQ 好友里。这时我们登录微信，打开通讯录，在 QQ 好友中添加微信好友。加上好友后下面就是如何来推广公众号，可以在自己的朋友圈发布相关资讯，也可以建立多人群来交流。这种小号式的推广适合很多个体商家和中小企业配合推广。

 第二节 信息定化——设定特定板块，
发挥惯性效应

想要让用户订阅我们的公众号，有千百种方法来吸引，但是想要让订阅的用户不退订、坚持阅读我们公众号的内容，那么就一定要围绕"为用户提供有价值的内容"和"坚持发布"这两点来进行运营。于是，新的问题产生了，如何才能做到为用户提供有价值的内容？很多人一下子很难找到一个清晰的思路，其实我们不妨从"设定特定的板块"开始入手，思路就会逐渐清晰了。

对于销售商品的商家来说，板块一般分为产品展示、促销活动、会员中心等几大类。对于信息、资讯类的公众号来说，板块也可以叫做栏目。把栏目的内容和时间结合起来考虑，就可以定制出一套有自身特色并受用户喜爱的发布风格和系统。

首先，新闻资讯类型的公众号，栏目内容可以大致分为"每日XXX"、"一周XXX"、"聚焦XXX"、"名人、明星XXX连载"等。一般人肯定不止关注一个公众号，因此除了新闻类的公众号以外，其他资讯类型的公众号最好不要每天发布，可以根据需求定好分别是一周中的哪几天发布，比如固定每周末、每周五等。

这种具有固定时间和相对固定内容的栏目，在坚持发布一段时间之后，订阅用户就会形成一种阅读的惯性了。当然前提是发布的内容比较独特和吸引人，以及用户阅读之后有同感或受益。

其次，这里说的"根据需求"指的是要根据我们作为发布者本身的需求和作为订阅者的用户的需求这两个方面。不能自己需要多打广告就狂发，在促销期间恨不得每天都发一条广告。当需要用户在某段时期内密切关注的时候，可以采用互动式的方法。比如坚持连续五天参与回复互动，就可以获得优惠券等，让用户化被动为主动。

最后，还有一个很重要的注意事项：在一天当中的哪个时间段发布最有效？早上人们看订阅的公众号，一般都是在去上班或去上学的路上，因此一些正能量类型的公众号可以选择在这个时间段发布信息，绝大多数人都希望新的一天从看到正面信息开始。并且这类信息最好是轻量级的，也就是阅读起来不需要动太多脑筋的、没有负担的内容，比如推荐待机壁纸、星座运势等。

中午的午餐时间也是用户阅读公众号内容的一个小高峰时间段，很多人在这个时候感到上了一上午的班或是上了一上午的课，想要放松一下。那么一些趣味、搞笑、生活小窍门、养生小知识、菜谱、育儿常识等都可以在这个时间段发布。

晚餐后的时间段，我们常常会收到一些新闻资讯类的公众号发来的当日热点新闻汇总、焦点关注等信息。这时候大多数的人们都会开始关心今天一天里发生了哪些事。因为是"黄金时间段"，所以更加拼实力，看谁的公众号内容更有价值，用户就会看谁的。

睡前的这个时间段则是心理知识、性格分析、微小说、恋爱话题、心灵鸡汤等这些消遣类型公众号的黄金时间段。另外需要提醒的是，促销信息最不适合发送的时间段就是睡前这个点，因为哪怕是再感兴趣，但是想到要睡觉了，就不会行动，睡了一觉到了第二天往往也就遗忘了。

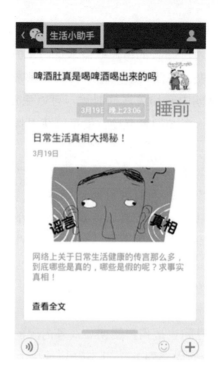

第三节　双管齐下——实体店面同步营销

　　网络营销很多时候往往只能带动网络商家的销售额，而微信则可以实现实体店面与网络的同步营销。实体店面也是充分发挥微信营销优势的重要场地。尤其是针对一些小型的个体经营商家来说，微信更是成本极低的营销手段之一。

　　像美甲、美容、美发这样的小店，主要做的就是回头客的生意，想要拓展客户群体，最重要的就是口碑，而微信就是扩散口碑的绝佳场地。比如说一家小型的美甲店，可以在实体店内一些醒目的位置放置经过包装、美化过的二维码海报，吸引客户的眼球。然后告诉客户，如果拍下二维码海报和完成的美甲照片一起发布到微信的朋友圈，就可以获得积分或礼券。女孩子们在美甲店、美容美发店做完造型之后，都有想要发到朋友圈晒一下新造型的冲动，在这个巧妙的时机下得知分享还可以获得优惠，就会很乐意配合和参与，推广的目的就达到了。

在实体店进行促销活动，吸引了一大批路人围观的时候，也是进行微信营销的好时机。比如可以在现场让主持人和参与活动的人群进行摇一摇的互动，大家同时一起摇，主持人摇到的人就可以获得奖品或优惠。既公平公正，又十分有趣，全场一起摇一摇的气氛也很火爆，可以吸引到更多的人来参与。

而一般的店铺也可以使用关注和订阅用户可以享受几项特别的待遇和服务。比如商家的微信订阅用户可以在下雨天免费借伞、免费体验新商品或新服务，每天在微信签到前十名的订阅用户可以在当日前往实体店享受五折优惠等。总之，对于像电影院、餐馆等这些必须要用户亲身去消费的店铺，把线上和线下的活动串联起来，就不难进行宣传和推广。

第四节　微信支付——移动商务生态即将成型

微信升级 5.0 版本之后，加入了"我的收藏"、"游戏中心"以及万众瞩目的"微信支付"功能。"我的收藏"可以进行自我管理，"游戏中心"进行娱乐消遣，而"微信支付"的加入，使得微信不再是传统意义上的通讯工具，而是成为了生活的入口。用张小龙的话说，微信是一种生活方式。有了微信支付，现在的微信确实已经可以被称为一种生活方式了。

微信 5.0 版本的商业化之路给企业带来了资讯宣传、客户强关系管理、支付及其节约财务成本等帮助。

通过"1分钱预约小米手机3"、"易讯网精选商城"、春节期间的"微信抢红包"等互动活动，已经有很多人开始接触并使用微信支付了。微信支付不仅是一种线上支付方式，在线下，微信已然成为了一个移动的 POS 机，我们把银行卡和微信支付绑定之后，现在在很多地方消费，不用拿出银行卡的实物卡，通过微信支付就可以即时结账。每一个互联网的新工具和媒体的诞生，都会诞生新的财富，当然也在改变人与人之间做生意的方式。不管我们有没有刻意地去留意，微信支付已经走进了我们的生活。

》 1.微信支付到底是什么？

"微信支付是集成在微信客户端的支付功能，用户可以通过手机完成快速的支付流程。微信支付向用户提供安全、快捷、高效的支付服务，以绑定银行卡的快捷支付为基础"。这是腾讯客服官方网站在微信支付基本介绍中的一句话。按照"微信之父"张小龙对于微信支付的定义，是专门为智能手机设计的支付新体验，实现线上到线下的闭环。

微信支付的基本功能是，微信用户只需要在微信里绑定一张自己的银行卡，完成身份的流程，那么就相当于把银行卡放进了微信里。接下来，当我们去与微信合作的商家进行消费的时候，就只需要拿出手机打开微信支付，输入支付密码（就像刷卡时输入银行卡密码一样），就完成了支付。

》 2.微信支付和支付宝的区别是什么？

简而言之，就是支付宝是一个买家和卖家之间进行交易的第三方，而微信支付只是一个支付的通道。

支付宝交易的流程是：拍下商品，然后把钱交给支付宝，支付宝收了钱之后告诉卖家买家已付款，然后卖家发货，买家收到商品之后，觉得没问题就告诉支付宝，支付宝把钱交给卖家。而微信支付的流程是：我们到线下的商店去消费或在网上购物，我们用微信支付确认付款之后，钱就直接从我们的银行卡到了商家的账户里。

也就是说，我们购物和消费时，用微信支付的话，钱只是经过了微信支付这条通道从我们的银行卡转到了商家的账户，并没有进入到微信支付。

» 3. 微信支付怎么用?

支持支付场景：微信公众平台支付、APP（第三方应用商城）支付、二维码扫描支付。

其中的"扫一扫"二维码支付方式，是现在微信主推的一种微信支付方式。这个二维码可以是在商家的收银台，比如太平洋咖啡已经全面支持微信支付结账、友宝的自动贩卖机上就有可以提供微信支付的二维码；也可以是在电脑网页上。

» 4. 微信支付对于企业、商家来说意味着什么?

①节约支付成本。微信 5.0 版本所提供的公众账号支付功能，对于企业而言，可节省财务结算成本。比如说曾经的传统收银机、收银柜台等硬件设施，在微信支付推广开来后可逐渐淡出。不过，下一步是微信解决电子发票的问题。

②加强与客户的关系。在微信时代，我们的客户都在手机里，带上手机就可以做生意。对于银行、航空公司等行业，则更能傍着微信建立自己的客户关系系统。支付的核心当然还是钱，微信支付目前的形态还比较单薄，仅支持一些银行，因而这些银行合作伙伴显得尤为重要，而银行也在寻找微信这样的移动平台。中信银行信用卡中心客服部总经理罗隽透露，目前中信银行微信关注者已经超过 290 万，信用卡绑定数也超过了 190 万，每日有 50 万条信息交互。微信支付已经成为了中信银行的虚拟信用卡，为了顺应这种潮流，中

信银行给予了微信支付每次 5 元的优惠额度。

而对于一般的线下商家来说，尤其是那些需要客户本人亲身前往实体店面才能够消费的餐饮、服务行业等，则有了可以推广和宣传的更大、成本更低的平台。比方说，以前这些领域的商家开展促销活动，使用的是印刷宣传单、打印优惠券、办理会员卡等方式，不仅成本高，而且效果很让人着急，但又没有比这些方式更有效的途径。

有了微信支付功能之后，客户可以在线上关注商家的公众账号，领取电子优惠券，办理虚拟会员卡，一样可以享受打折优惠，也可以积累积分。到线下的店铺消费时，使用微信支付还可以直接抵用优惠券。而对于线下的客户，商家可以在结账时引导客户扫描二维码，关注商家，并同时给出一定的"扫一扫有奖"的福利，客户扩大很容易。

微信支付背后的银行卡是支付的基础，而最终的目标则是线下线上各种消费场景。在一线城市的地铁站或机场，我们可以看到支持微信支付的友宝自动贩卖机。目前友宝已经有 1 万台自动售货机支持微信支付，微信支付占据了友宝 400 万日销售额的 25%，支持微信支付之后，友宝的总销量提高了 10%，并且根据友宝统计，微信支付的客单价要比现金支付高 22%。而由于微信的社交属性，友宝还计划在零售中加入 SNS 服务，比如送微信好友一瓶饮料的功能。

③形成客户数据库。对于线下的商家来说，不像电商、网店店主那样，能够收集到关于客户的详细数据。比如同一个客户到店的频率、消费的金额，以及该客户的关系链给商家带来的价值等，这些数据都无处可查。而微信支付不仅是简单的客户信息建档，还能把客户的 N 次消费借助微信在后台形成数据库，这就是大数据的积累。

腾讯微信产品副总经理张颖表示，希望微信支付很好地跟公众号联合在一起，当用户支付完之后，会推荐用户关注商户本身的公众号。因为微信支付和用户建立了连接，利用公众号可以和用户建立数字化的连接，这也是张颖认为微信支付的最大价值。

第十一章

"微"开发第五步
　　　　——广而告之，传播服务

第一节　打折噱头——每一次优惠券
　　　　　的发放都是传播品牌

　　无论是实体还是网店，成交的催化剂都离不开赠品、打折、优惠券这三样法宝。我们平时所接触到的实体店发放的优惠券大部分都是纸质的，像景区门票一样，正面印着优惠信息（有时还会加盖商家的印章进行防伪），背面是优惠券的使用条款（通常字小得看不清）。这样的优惠券我们通常会顺手放进钱包里，有时可能再也用不到，却一直占着钱包的位置，有时还会出现积攒了太多各家店铺的优惠券，要使用的时候发现过期了或找不到，甚至破损了。

　　而微信优惠券和纸质的优惠券有着很多不同，不仅商家在发放优惠券的时候非常方便，完全没有伪造的可能性，而且对于用户和消费者来说，保存起来很方便，甚至不需要刻意地去保管，反正优惠券打开微信就能找到。

　　微信优惠券与微信会员卡是绑定在一起的，会员到实体店进行消费时，只要报上微信号或用微信刷一下收银台的二维码，又或是商家刷一下会员微信里的会员卡条码就可以享受优惠。不仅不用携带会员卡和优惠券的实物，甚至连记忆就不用。随时随地打开微信就能查积分、查会员等级，优惠券快过期时，还有自动提醒。

　　一张优惠券在发送时做了一次品牌的传播，然后在提醒会员使用时再一次进行了推广和宣传。不仅印刷、派发和维护的成本大大降低，会员的使用率也会大大提高。会员每去实体店消费一次，就会加深对品牌的忠实度。

　　除了在特别的促销期间发送优惠券之外，商家不妨在逢年过节这种会员的消费欲大涨的黄金时期发送双倍积分、生日套餐、进店有礼等活动信息，让每一次优惠券的发送都成为传播品牌的好机会。

第二节 表演造势——微信会场,零距离品牌传播

如果有足够的资金,通过大型活动来造势也不失为一种有效的品牌宣传手段。"青岛国际啤酒节"就是一个成功的案例,其中有几处可以圈点的品牌传播方式。

①青岛国际啤酒节开设了官方微信公众账号,从开通的当天起,抢先关注官方公众号的前 200 名订阅用户可以获得当届啤酒节世纪广场啤酒城白天门票两张。

通过微信抢门票的形式一直都很受用户的欢迎,全国各地的各种嘉年华、游乐场、风景区等也都相继推出过扫描二维码、关注微信公众号抢免费门票的活动。别看活动规则相当简单,但是这种形式驱使用户主动地扫描二维码、关注公众号、进行互动,并且在活动期间还会主动地关注公众号的动态。

②公众账号设置了与活动有关的自动回复关键词。比如发送"天气",青岛国际啤酒节的公众号就会回复青岛市的即时天气状况;发送"日期",就会回复有关啤酒节活动的相关日程安排和信息介绍。凡是

关注青岛国际啤酒节官方微信的用户，啤酒节开节以后，在世纪广场啤酒城内回复"地图"，就可以接收到世纪广场啤酒城的平面图。

对于一个大型活动、庆典类型的公众号来说，这些自动回复的关键词设定显得非常亲切和周到，同时对于参加活动的人们来说也非常实用。

③啤酒节在每个城门入口和所有啤酒大篷的餐桌上都贴上了官方微信的二维码。这个举动一是为主办方起到了宣传作用，二是为还没有关注公众号的参与者提供了获得活动信息的渠道，可以说是一举两得的好方法。

④在啤酒节的举行期间，还不断有转发、分享抢门票和谁先关注有好礼等一系列互动的活动，啤酒节门票的送出也是对活动的有力传播，而吉祥物、纪念品作为奖品赠送，不仅起到传播品牌的效果，还让参与者们乐在其中。

不仅大型的活动可以通过微信来制造很多表演契机，普通的小公司也一样可以通过微信来造势。比如可以在公司周年庆典期间，招待老客户、新客户、潜在客户来欢聚一堂，通过引导关注微信公众账号，锁定这些客户。然后在庆典活动中，进行各式各样的互动，派发奖品或礼券。

第十二章

"微"开发第六步
——经营细节，传递时尚

第一节　多人对讲——企业例会、客户服务一体化经营

　　对于企业来说，每周都要开会，根据经营业务类型不同，有些公司甚至每天都要开会。很多人参加了上百、上千场会议，却不知道其实开会的成本很高。其中最大的成本就莫过于时间的浪费。假如开了一场有十个人参加的长达一小时的没什么价值会议，那么每个参加者都浪费了一个小时，对于企业来说，浪费的是至少十个小时。

　　有时候开会只为了部署、汇报或交代那么几件事，但是往往会陷入一个误区——反正召集起来开会了，就顺便多讲一点内容吧。现在在美国、日本等国家和地区的大企业当中，流行一种"站着开会"的会议形式，目的就是为了缩短开会的时间，提高会议的效率。

微信的多人对讲功能，不仅是朋友之间聊天的工具，同样也可以用来举行企业例会或维护客户群体。既节省时间，又不受场地空间的限制。因此有什么事情需要统一传达和听取意见的时候，就可以用微信的多人对讲功能来实现小型会议的召开。

对于需要维护的客户群体，也可以进行分组建群的形式，在群里发动多人对讲，沟通联络感情，播出通知等。

第二节　定位导航——让每一个潜在客户记住企业的位置

在微信 5.0 版上线之后，我们终于看到盼望已久的"街景扫描"功能，这个功能折叠在"扫一扫"里面。

扫街景是很多企业一直期盼的功能，但是目前微信的街景扫描还只是一个比较"概念"的功能，还不能做到通过识别街景实体景象来调用数据。但是这意味着腾讯地图与微信一旦全面打通，并且

实现开放之后，就可以向第三方微信公众账号提供一套基于地理位置的综合解决方案，包括录入网点位置、向用户发送位置、帮用户计算达到线路、查看街景等。当然，下一步还可以承载商家信息，体现出微信定位导航功能的营销价值。

百度LBS（基于地理位置的服务）在最近不到一年的时间里，取得每天超过二十亿次的定位请求，其成功与地图产品多方面创新息息相关，百度LBS逐步完成了从"智能导航"向"智能生活平台"的定位升级，但是LBS的APP却逐个没落了。这说明并不是用户对这个方面没有需求，而是没有找到一个非常适合的点切入进去。微信的定位导航功能又是一个关于O2O的盼头。"街景"技术穿越虚拟和现实，创造了完整的消费场景，这对于传统行业、实体店运营的品牌而言，仍然是他们走进互联网非常值得期盼的。

或许到了下一次微信升级时，街景扫描就能够和微信支付之间打通，就非常可能发生扫一下实体建筑或广告牌就可以获得商品或服务信息，乃至折扣和优惠，甚至还可以进行比价，最终实现支付的事情。街景直接作为像二维码这样的标识，扫一下就可以关注微信公众账号等，还有可能根据微信扫一扫的人次数量，来定义一个线下广告位的价格。

归根到底，街景只是一种基础的技术问题，街景扫描能不能够发挥出营销的价值，关键还是要看"互联网思维"的灵活程度。有互联网传播意识的策划才是"街景营销"的要素。目前来说，国内的街景技术还处于很初级的阶段，而传统的企业和品牌也不具备互联网意识的策划、编辑团队，所以，通过扫描街景来体现营销价值的案例少之又少。

待微信建立起了自己的街景扫描和定位导航的体系之后，可以预见扫描街景又会继摇一摇之后掀起一股社交方式的热潮，同时也

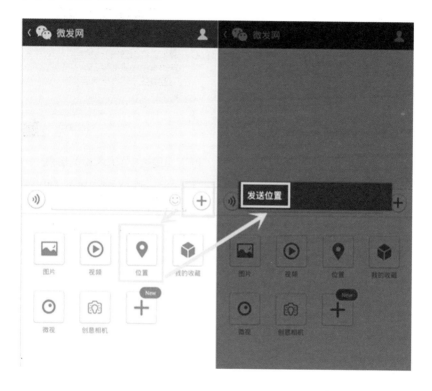

为各线下的商家提供了一个联系线上客户的通道。到那个时候，用户就可以使用微信公众账号很简单、轻松、便捷地直接查找到商家的地点。不仅如此，还可以预览线下商家的服务环境，并且直接预订座位，导航到达目的地。

街景地图、定位导航功能是微信把线上用户引导到线下实体店消费的极大推动力。

现在，已经有微信第三方开发团队，做出了结合百度地图的定位导航功能，操作也十分简单方便，只需要向公众号发送自己的地理位置。

对方接收到地理位置之后，我们还可以输入类似"附近酒店"、"附近餐馆"等关键词，然后公众号就会反馈给我们一些附近的商家地点。

我们选择一个地址点进去，就可以通过百度地图的导航功能，顺利找到线下的商家了。

第三节 视频在线——零距离让客户感受产品

在继微博、微信这两个热门的社区微平台火爆之后，现在又有了"微视"这个越来越火热的微视频分享社区平台。在微信 5.2 版本的对话界面，轻触"＋"后可以看到多了一个"微视"的按钮。

　　微视，顾名思义就是超短视频。微视的视频最长为 8 秒，足够我们说上 20 来句话，但同时又不会消耗过多流量。目前我们在微信平台的营销多是以图片和文字为主，考虑到用户的手机流量问题，也很少会尝试通过视频这种形式来进行宣传和推广。而微视的推出，则给了微信营销一个更加有吸引力的理由。

平时我们在电视上看到的广告绝大多数都是 15 秒，而 8 秒其实已经足够我们设计出一段短小精美的广告视频。视频是可以将画面、声音和文字的信息量同时传递给用户的绝佳方式，也是一种非常可贵的动态营销形式。

第十三章

"微"开发最终步
　　　——卓有成就，闪耀光芒

第一节　布丁酒店——首开先河的酒店微信营销

2012 年，酒店界似乎出现了一个神话，布丁酒店在短短几个月时间里由一家小酒店变成时下年轻人讨论最热的焦点酒店，它的成功秘诀在于创新营销——微信营销。

浙江省饭店市场每一年都有一份营销报告，2012 年的报告中这样写道：网络营销成为关键词，并指出营销渠道单一化，缺乏对新兴营销渠道的敏感度和关注度成为了行业的短板。

酒店行业的竞争压力越来越大，新出现的经济型酒店要想在行业类分一杯羹，这基本上是一件不可能的事情。原因很简单，老牌的经济型酒店在传统营销渠道上已经占尽优势，新出现的经济型营销酒店在这条路上已经被封死。那么，是否可能开辟出一条新的营销模式来占据市场份额呢？显然，布丁酒店做到了。

移动互联网的迅速发展为很多企业创造了一个与其他品牌在同一起跑线上公平竞争的机会，如魅族、小米等。布丁酒店也是如此，它对互联网有着敏锐的嗅觉，这个嗅觉帮助它在互联网上寻找到了一个绝佳的平台来营销自己。微信，布丁酒店寻找到的最为完善的在线中央预订平台，已经占据了它全部订单的 35%。基于这一创意，布丁酒店不但成为了全球第一间实现在线直连微信订房的酒店，而且是目前为止会员人数增长最为迅速的酒店。

布丁酒店是如何通过微信营销跃升成为酒店行业中的耀眼对象呢？2012 年 11 月 12 日，布丁酒店在前期漫长的技术探索和测试中终于将其微信客户的订房功能上线，而这个时候，很多大酒店，包括一些有影响力的经济型酒店，还在微博营销上面打着转。布丁酒店是如何做品尝螃蟹的第一家的呢？

　　首先，布丁酒店在微信平台上的开发上可谓是花了一番心思。当然，具体的开发是一些平台技术的问题，这并不是重点，重点是它开发出来的这一微信平台到底给受众带来什么样的一个视觉刺激。

　　打开手机的微信端，输入布丁酒店，作为一个顾客，首先就被他的微信认证吸引到。时尚，将目光对准了年轻人，这是最为精准的定位。要知道，现在酒店的营业额有80%以上是年轻人贡献的，而时尚恰恰是最有消费能力的年轻人最热衷的，这一定位就锁定了财富方向。环保的标签，无疑又是一种智慧的演练。如今酒店的消费群体更多的是想享受到最为健康的居住环境，环保结合时下中国低碳健康的热点，将酒店的经营理念与之相融合。平价，这一主打的经营理念就是实惠，经济型酒店的特点要凸显出来，平价一词就是最大噱头。再看看后面的"新概念酒店连锁，为年轻人提供便捷住宿享受"，这些都是在补充说明。酒店的定位在这一微信平台上面尽显无疑。

看完这个，年轻人一般会选择关注，这时候就会出现一个窗口，在这个窗口里，又会有意外的发现。

　　微信营销还是需要讲究个性化的，布丁酒店如何彰显它的个性化呢？在关注它的时候，会出现一个页面，这时候会有一个激活码，这并不重要，重要的是后面的温馨提示。很多酒店成为会员的形式很繁琐，即便是通过微信客户端，还需要另一个页面填写相关的资料，但是布丁酒店的微信页面并不需要，只要你注册成功，就即刻成为它的会员，这让人们感受到它的简易化和人性化。

　　接下来，要关注的必然是温馨提示上面的"亿卡会员"。只要注册成功，又会出现一个页面，页面里会有一张会员卡式的图片出现，下面就有对会员卡的详情说明。从视觉角度上分析，这样的会员卡式的图片会让观看者有一种占便宜感，他们会认为自己轻松得到了一枚 VIP 卡，即便这个是虚拟的。另外，关于它的详情说明，似乎每一条都是为自己设计的，用户在阅读的同时，已经慢慢认可了它，这是用户能够进入消费的关键一步。

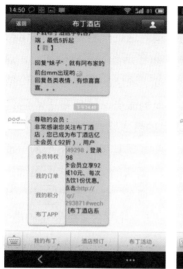

打开布丁酒店的微信窗口，就可以在底部的对话栏中设置"我的布丁"、"酒店预订"、"布丁活动"三个菜单选项，这相比原先用户主动发起的对话式交互有了很大的进步，更好地提高了用户的体验度。

从"我的布丁"这一栏看起，只要是信息化的服务内容，从订单到积分都是对象用户最为在意的事情，这是一种信息透明化和价值化的显示。后面的"酒店预订"和"布丁活动"同样是如此，这些差异化的小标题栏实际上都是在彰显布丁酒店的品牌理念和价值。一切为了顾客，让顾客享受到最为时尚的服务，这与布丁酒店选择微信平台来搭建自己的会员群是气质上的最大吻合。

当然，布丁也会从微信页面上来体现其强大经济型的一面，这里面就有一页关于怎样便宜预订布丁酒店的信息。这个页面上会出现很多优惠信息的参考，很大程度上博足了关注者的眼球。其中优惠的时效性和与外界沟通的趣味性也是这个平台重点展示的地方。

最后，布丁酒店的差异化彻底抓住了顾客的心。通过不断研究与优化，布丁酒店的微信端加入了每一个门店单独的主页，这更适合移动端用户体验，也更适合微信用户人群习惯。页面涵盖：门店基本资料（门店照片、价格、地址、电话等）、特享优惠、交通、美食＆餐馆、旅游线路等。

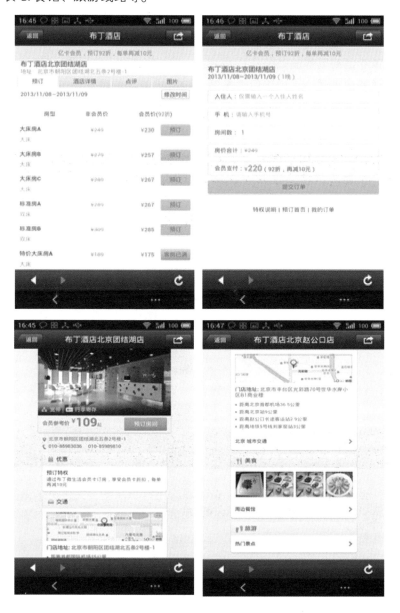

在定制化消息的推送方面，布丁酒店算是领先者。手机用户只要通过微信订房，就很快收到一条微信图文消息。会员在入住布丁后，这种图文形式的发送方式可以让他们最真切地感受到自己的居住环境，更能零距离地享受酒店客户端的相关服务。不妨来算一下成本，每条彩信的成本最低在 0.15 元左右，按照每位客人需要预订成功后、入住前、入住中、离店后 4 条图文消息计算，传统营销成本是 0.6 元 / 人，但在微信上做的成本为 0，按照现在布丁的微信日订单量来算，一年可以节省 57000 元左右的成本。

当然，图文只是第一步，布丁酒店还打算从图、文、声来做多维度结合的内容消息。这种做法不但能降低营销成本，还能提升用户体验。

正因为这一成功的微信营销模式，截至 2013 年 1 月 3 日，布丁酒店的微信客户端会员总数已超过 25 万，日均增长会员数逾 4600

人，平均每天为布丁酒店带来 169 个订单。布丁酒店不断让对象用户的习惯发生了改变，同时还培养了一大批潜在的消费人群，诸如学生等。

布丁酒店经理人章蔚在一次采访中这样说道，"作为布丁酒店乃至酒店行业营销一个新的渠道，我们没有前车可鉴，只能摸着石头过河。但是最后，布丁赢得了用户的欢迎。一句话，就是让我们布丁酒店的用户在微信上用最简便的方法订到最满意的房间，也希望大家可以给我们一些意见和创新的项目，使每个用户可以随时随地地与布丁酒店进行沟通和互动"。

布丁酒店怎么成为酒店界的神话，一切都已明了。

 ## 第二节　奥通汽车——4000粉丝，20辆车

2013 年 4 月，杭州的几家媒体报道了一位王先生，两个月前通过微信平台的信息从浙江奥通买了辆全新奥迪 A6L 的消息。而这位王先生只是浙江奥通 4000 多位微信粉丝中的一员，从 2012 年 10 月浙江奥通的微信公众平台开通以来，浙江奥通已经通过微信的这个平台，卖出去了 20 多辆车。

2012 年 11 月，浙江奥通就申请开通了微信公众账号，是浙江省第一个注册并推广运营的豪华汽车品牌微信公众号平台。平时浙江奥通召集客户的活动，其中有很多人都是通过微信进行的报名。除了用微信公众号进行营销活动之外，开通这个公众号平台，更多的是希望服务他们已有的客户，做售后的客户维护。

为什么浙江奥通的微信公众平台这么火爆？

①订阅用户关注一个账号，主要就是为了获得有价值的信息。浙江奥通在这一点上下了很多工夫。微信公众号可以发布图文消息，那就意味着内容要图文并茂。有很多企业或许觉得只要有个图就行了，其实这是错误的观念。如今已经进入了一个读图时代，尤其是在手机这么小的屏幕上，一张让人第一眼看起来就有好感的图片至关重要。绝大多数人在收到微信公众号的图文消息时，第一眼看的就是图，接着看标题，然后再看内容。如果第一眼图片就不够吸引用户，就谈不上点进去看内容了。

　　浙江奥通在微信公众平台上发布的图文信息，每一张头条的图都是经过了图像软件的处理加工，第一眼就能吸引住用户的注意力。图片和文字之间的搭配也非常重要，浙江奥通的文字和图片排版都比较讲究，做到了既美观又清晰。当然，同时要表达清楚想要表达的意思。

　　浙江奥通还有一个业务性的微信公众号，就是奥通品荐二手车。这个公众号的展示内容主要是关于二手车的。用户输入感兴趣的汽车型号，公众号就会自动回复你现在有的这个车型的信息，而且是图文并茂的介绍形式。这个公众号除了展示功能之外，还提供服务类业务，比如可以进行二手车置换销售的咨询，还会时不时推送一些关于鉴别二手车质量等方面的专业知识。

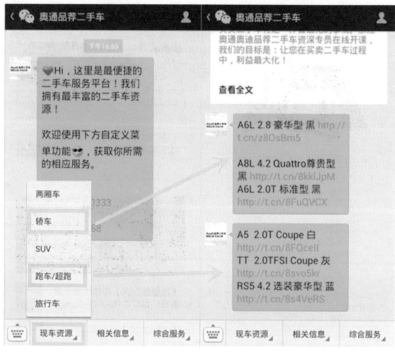

②万变不离其宗的"互动活动"。微信公众平台是个非常适合做互动活动的平台。浙江奥通在微信公众号刚开通不久时，在官方微博上发了一条消息，公布了一个活动。内容大概是说将于 12 月中旬的两天，在上海的奥迪国际赛车场举行免费的 R8 超跑活动。活动价值万元以上,浙江奥通为您献上一次驾驶 R8 超跑驰骋赛道的机会，而且全程免费。不过这个活动只支持微信报名，并在微博配图的地方贴上了微信公众号的二维码。

其实作为汽车行业来说，据业内人士表示，在车市微增长时代，车企和车商都在寻求着营销上的突破点，微信为他们带来了一个新的启发和思路。借助微信这一类的公共平台宣传品牌和活动成本也不高，而对于用户、客户来说，通过微信来进行服务的对接,十分便捷。用户随时随地都可以了解到自己想要关注的信息。

　　浙江奥通市场总监沈晓娜也在接受媒体采访时表示"开了这个微信平台还不够,要懂得维护,如何维护,做到更好地服务于消费者,这还有讲究"。这也是浙江奥通的公众号获得成功的原因之一,那就是他们的心态很端正。不急于在短时间内想要粉丝人数暴增,而是把重点放在为客户服务,以及为用户提供有价值的信息上。

　　目前,已有多家车企通过这个平台推广自己。"吉利汽车"官方微信账号开通时间不长,但活动却精彩纷呈,先是为英伦 SX7 上市和 2013 款 EC7 上市举行了倒计时活动,后又举办了 2013 款 EC7 寻找大不同挑战活动。上市倒计时活动,能够使手机用户随时随地掌握吉利汽车的最新资讯,并在不知不觉间接受

SX7"家享型 SUV"和 EC7"以实力走出新历程"的理念；2013款 EC7 寻找大不同挑战活动，让手机用户在游戏中就能了解EC7 的车型特点和优势，创意新颖，形式独特，吸引了众多手机用户关注。

2013 年，日产友通也开通了微信公众账号，其市场经理也表示"现在日产友通店的微信公众号才开通没多久，但是通过这个渠道进行预约保养和资讯新车优惠的用户正在明显增多。作为经销商，我们也是尽量探寻一些新的途径，在直接对话的同时，方便客户"。

第三节　艺龙旅行网——互动50万人次

现在微信公众平台已经成为各行业首选的平台渠道，微信公众平台对于企业和品牌来说，最大的一个价值就在于可以和用户进行一对一的深入沟通。对于旅游业领域来说，更是一个必须要抢占先机的市场。6 亿微信用户，所能够带来的旅游业务是非常惊人的。刚推出微信会员卡时，汉庭会员卡一上线，在短短 90 天内，就吸引了 52 万微信用户的关注，其中激活的会员卡就突破了 20 万。而作为国内领先的旅游网站平台，艺龙旅行网也在早期实践微信公众平台，在进行了一系列较为深度的运营之后，获得了与之相应，甚至是超出了预期的用户回报。

①内容定位。艺龙旅行网给自己的定位是为旅行爱好者提供服务的平台。这个定位对于用户来说，十分亲切。

②贯通线上线下。线上的渠道就是微博、豆瓣、人人网等平台。作为刚起步的微信公众账号，还没有什么订阅用户的时候，就可以借助来自于社交平台的推广。艺龙旅行网也正是利用了线上的巨大资源，官方网站的网友、官方微博的百万粉丝、旅游爱好者的几个QQ大群等。

对于具备一定经济实力的品牌来说，线下推广也是一种行之有效的方式，并且会逐渐变得越来越重要。艺龙旅行网在与其合作的酒店、机场、旅行社等放置一些印有公众号的二维码的易拉宝和海报等，并配合扫一扫有优惠的形式，吸引线下的用户来订阅关注。

③自定义回复的有效互动。对于像艺龙旅行网这样内容相当丰富、分类也很细的旅游网站，必须要建立起一个相对完善、便捷的自定义回复体系。艺龙旅行网在这一点上做得非常出色，用户体验也很好。这也是艺龙旅行网微信公众号获得成功的关键之一。通过自定义回复，用户可以"查景点"，回复"90+目的地名称"，即可获取该目的地详细介绍；"查酒店"，回复"9+目的地名称"，即可获取该目的地相关住宿介绍并可以预订酒店；"查定位"，回复当前位置定位，获取距离最近的热门景区；"查攻略"，回复"N3"，获取最新推荐的游记攻略；"查主题"，回复"T+主题"，即可获取该主题的热门目的地，可用的热门主题有"古镇"、"登山"、"赏枫"、"乡村"等。

④有奖互动。对于初期运营微信公众号的企业和品牌来说，有奖互动的活动很重要。艺龙旅行网的"与小艺一站到底"就是个采用互动式推送微信的典型成功案例。基于自定义回复接口开发的 APP，将答题赢奖品的模式植入到微信中，采取了有奖答题闯关的模式，设置了每日有奖积分，最终积分最高的获得丰厚大礼。每日参与的互动活跃度高达五六十万，微信的订阅用户也同步新增几万，而整个活动的资金投入也比微博活动少得多。

借助微信平台举行这种形式的活动，有很多意想不到的好处：第一，成本低，投入的资金和物质都不多，但是同样可以达到极好的用户互动效果，增强订阅用户的黏性；第二，积分累积制

达到的刺激效果大,可持续性很强,进而产生强互动关系,产生回复数量的激增效果;第三,排行榜刺激用户之间的竞争心理,所谓"挑起群众斗群众"的战略就是如此;第四,方式新颖、简单,用户参与没有负担,比较适合传播,进而利于粉丝的增长和活跃度提升。

6.0.2 版艺龙移动客户端增加了火车票预订和微信支付等功能,可见微信对于艺龙旅行网的意义。

第四节 大朴网——首次尝试微信验货

家纺品牌电商大朴网在 2013 年的"3.15"消费者权益日期间,进行了微信验货的互动活动。通过微信来验货,这在电商行业领域,乃至整个家纺品牌领域都是第一次。

实时互动的形式是这次活动的亮点，也是最吸引用户们的地方。活动方式是：用户用手机拍下任意品牌的家纺产品上的标签，然后把照片发送给大朴网的官方微信公众账号。大朴网便会帮用户鉴定所发过来的产品标签，分析该产品的质量优劣，并且通过微信公众账号反馈给用户相关的信息，尤其是该产品会不会对用户的身体健康造成危害。

大朴网把这次互动活动取名为"拍标签，鉴'三无'"。这个"三无"在家纺领域指的就是无甲醛、无荧光增白剂、无致癌芳香胺。身体健康是消费者普遍关心的问题，因此这个话题可以一下子吸引很多人的注意。

用户被趣味性吸引过来之后，就要看大朴网有没有真本事了。虽然大多数人并不具备专业鉴定家纺产品的知识，但是并不妨碍听一听专业领域的人是怎么分析的。只要有道理，自然就会接受。而且，这种让专家来"帮我看看"的参与和互动，让用户感觉非常有安全感。

对于大朴网来说，通过微信验货的这个活动，第一，体现了自身在这个行业领域的专家身份的形象；第二，传递出来的信息表现了大朴网对家纺产品的质量、国家标准，对消费者身体健康负责任的高标准和追求；第三，品牌价值在短时间内就得到了用户们的广泛认可，信誉度也得到一个攀升。

大朴网的 CEO 王治全在接受采访时表示，大朴网将告别以往 B2C 平台式规模化竞争，按照自己的发展节奏，从产品出发，逐步占领用户心智。也就是说，B2C 平台的价值潜力，已经无法满足大朴网对品牌价值的开发和体现了。一直以来都非常重视社会化营销手段的大朴网，果然也不负众望，通过尝试微信验货，一下子就扩散了影响力，迅速传播了品牌。

当然，大朴网不会只尝试微信验货。通过验货的互动活动前来关注大朴网微信公众账号的用户，过了活动时间，还可以在大朴网的公众号里查看到产品推荐、优惠活动，以及进行一些日常生活常识的相关咨询。大朴网的公众账号，既是品牌传播文化和产品的展示平台，也是服务客户的一个便捷有效的工具。

在全国范围内首次尝试微信验货之后，大朴网于 2013 年 4 月，再次推出了微信验荧光增白剂的活动。这次的微信互动活动是与大朴网网上商城的全场免运费活动结合起来进行的。消费者购买产品，就可以免费获赠荧光检测笔，再一次把大朴网对生活品质的追求提到了一个新的高度。

　　在微信这个平台上，各行各业的人和企业都挖掘出了相应的价值，在家纺品牌的领域，大朴网就通过微信验货的形式更加深度开发出了微信的价值，树立了良好的品牌形象，增进了与客户之间的信任度。